食 在 中 国 味 在 舌 尖

家常小炒

一本就够

初衷的味道 香鲜味美 不舍的情怀

段晓猛◎编著

U0221996

中国建材工业出版社

图书在版编目（CIP）数据

家常小炒一本就够/ 段晓猛编著. -- 北京 ：中国
建材工业出版社，2016.3（2024.10重印）

（小菜一碟系列丛书）

ISBN 978-7-5160-1398-4

I. ①家… II. ①段… III. ①家常菜肴－炒菜－菜谱
IV. ①TS972.12

中国版本图书馆CIP数据核字（2016）第044393号

家常小炒一本就够

段晓猛　编著

出版发行：中国建材工业出版社

地　　址：北京市西城区白纸坊东街2号院6号楼

邮　　编：100054

经　　销：全国各地新华书店

印　　刷：三河市南阳印刷有限公司

开　　本：720mm×1000mm　1/16

印　　张：10

字　　数：158千字

版　　次：2016年5月第1版

印　　次：2024年10月第4次印刷

定　　价：49.80元

本社网址：www.jccbs.com.cn　微信公众号：zgjcgycbs

前言 **PREFACE**

　　吃是人的一种本能，但吃的是否健康、是否合理、是否能通过吃使身体机能、精神面貌达到一个倍儿棒的高度呢？随着生活水平的提高和生活节奏的加快，越来越多的人开始远离自家的厨房，选择外出就餐。这样固然可以满足口腹之欲，也能节省时间，但也难免会为自己的身体埋下健康隐患。

　　为了让"外食族"回归家庭厨房，更好地享受家的味道，本书精选了近300道原料简单、做法方便、健康营养的家常菜肴，保证你足不出户，就能在家轻轻松松地做出一桌让全家人胃口大开的家常小炒，让你的生活和餐桌都一样活色生香，有滋有味！做到科学养生，合理饮食，健康快乐每一天！

contents 目录

Part 1 蔬菜类

Part 2 畜肉类

Part 5 菌藻类

Part 1 蔬菜类

姜汁芥蓝

🍲 原料

芥蓝500克，姜蓉10克。

🍴 调料

盐3克，鸡精、白砂糖各2克。

🥄 制作方法

1. 芥蓝择去旁叶，留梗，刨去皮，切去根部、尾叶。
2. 净锅上旺火，放入600克清水，调入盐、白砂糖，待水沸，放入芥蓝，焯后捞出沥干水分。
3. 炒锅置火上，注入食用油，烧热，爆香姜蓉，放进芥蓝，拌炒，调入盐、鸡精炒匀至熟即可出锅。

小提示

姜汁芥蓝
● 含有丰富的硫代葡萄糖苷，它的降解产物叫萝卜硫素，是迄今为止所发现的蔬菜中强有力的抗癌成分。

原料

木耳菜300克。

蒜蓉木耳菜

调料

盐、鸡精各适量，蒜3粒，香油5克。

制作方法

① 将木耳菜洗净，去掉根部；蒜洗净剁蓉。

② 锅内放少许食用油，将蒜蓉炒香，放入木耳菜翻炒几下，再放入盐、鸡精，炒匀后淋入香油，起锅装盘即可。

小提示

蒜蓉木耳菜
● 具有清热、解毒、滑肠、凉血的功效。

 原料

豌豆苗400克。

清炒豌豆苗

调料

小辣椒3个、盐、鸡精、香油、蒜各适量。

制作方法

① 将蒜剥皮，洗净后切成片；豌豆苗洗净备用。

② 把锅烧热，放入少许油、小辣椒煸炒，将蒜片炸香后放入豌豆苗翻炒。

③ 将盐、鸡精放入锅内，和豌豆苗一起炒匀，最后淋上香油即可。

小提示

清炒豌豆苗
● 具有利尿、止泻、消肿、止痛、助消化等功效。

香辣土豆丝

彩色土豆丝

🍯 原料

土豆300克，干辣椒段50克。

🍴 调料

葱末、盐、鸡精各适量。

🍳 制作方法

1. 将土豆洗净去皮，切成细丝，放入清水中泡一下，去除淀粉，捞出，沥干水分待用。
2. 锅中注油烧热，放入土豆丝，炸至金黄色捞出控油。
3. 锅中留底油，爆香葱末，下辣椒段炒成板栗色，再放入炸好的土豆丝，加盐和鸡精翻炒均匀，起锅装盘即可。

🍯 原料

土豆250克，青椒25克，胡萝卜25克。

🍴 调料

盐3克，味精、姜末少许，淀粉、料酒各适量。

🍳 制作方法

1. 青椒、胡萝卜、土豆均洗净切丝，洗净捞起沥水。
2. 将土豆丝拌上淀粉，放入锅炸至断生，捞起沥油。
3. 将原锅留油，倒入姜末、青椒丝、胡萝卜丝，加入料酒，再加入盐、味精和土豆丝炒匀即可。

小提示

香辣土豆丝
● 含有大量淀粉以及蛋白质、B族维生素、维生素C等，具有促进脾胃的消化功能。

彩色土豆丝
● 具有美容护肤、减少皱纹的良好效果。

尖椒土豆丝

🍲 原料

土豆300克，青辣椒、红辣椒各20克。

🍴 调料

味精2克，盐5克，香油适量。

🥄 制作方法

1. 土豆去皮洗净，切成细丝；青辣椒、红辣椒洗净，切成同样粗细的丝。
2. 将切好的土豆丝和青红椒丝一起入沸水稍焯后捞出。
3. 锅置旺火上，油烧至六成熟时下土豆丝、青红椒丝，快速翻炒至断生，放味精、盐炒匀，淋入香油，起锅即成。

小提示

尖椒土豆丝
- 防止便秘、预防肠道疾病的发生。

剁椒炒土豆丝
- 有利于高血压和肾炎水肿患者的康复。

剁椒炒土豆丝

🍲 原料

土豆200克，青葱、剁椒各适量。

🍴 调料

盐3克，味精、醋各少许。

🥄 制作方法

1. 土豆去皮，切丝；青葱洗净，切段。
2. 炒锅加油烧热，入土豆丝，翻炒至快熟时加盐、味精、醋调味，继续炒匀。
3. 最后将剁椒加入土豆中拌炒均匀，起锅前撒上青葱段即可。

洋葱炒西红柿

😋 原料

洋葱100克、西红柿200克，青椒50克。

🍴 调料

番茄酱、盐、醋、白糖、水淀粉各适量。

🎣 制作方法

1. 洋葱、西红柿、青椒分别洗净，切块。
2. 锅加油烧热，放入洋葱、西红柿、青椒炸一下，捞出控油。留底油，放入番茄酱，翻炒变色后加水、盐、白糖、醋调成汤汁，待汤滚开后放入炸好的洋葱、西红柿、青椒，翻炒片刻，用水淀粉勾芡即可。

小提示

洋葱炒西红柿
- 可用于治疗消化不良、食欲不振、食积内停等症。

湘西小山笋
- 具有健脾开胃调理、祛痰调理、便秘调理等功效。

湘西小山笋

😋 原料

山笋250克。

🍴 调料

盐5克，料酒、红椒、葱花、蒜末各适量。

🎣 制作方法

1. 山笋破开，切条后洗净；红椒洗净，切丁。
2. 炒锅入油，烧至六成热，入蒜末爆香，再将山笋加入翻炒，待熟，入红椒丁继续翻炒2分钟。
3. 最后加除葱花外的其余调味料调味，炒至香味散发，撒葱花，起锅装碗即可。

小炒麻竹笋

🍲 原料

麻竹笋200克，木耳100克，青椒、红椒各50克。

🍴 调料

盐3克，鸡精1克，辣椒油10克。

🍳 制作方法

1. 麻竹笋洗净，切片；木耳泡发洗净，撕成小片；青椒、红椒洗净，切片。
2. 炒锅加油烧热，放入麻竹笋片和木耳爆炒，加入青椒片和红椒片翻炒。
3. 调入盐、鸡精、辣椒油调味，起锅装盘。

小提示

小炒麻竹笋
● 含有丰富的植物胶原成分，它具有较强的吸附作用。

乡味湘笋
● 具有开胃健脾、宽胸利膈、通肠排便、开膈消痰、增强机体免疫力的作用。

乡味湘笋

🍲 原料

竹笋300克，红辣椒适量。

🍴 调料

盐4克，酱油、辣椒粉、青葱、蒜末各适量。

🍳 制作方法

1. 竹笋洗净，切丝；红辣椒洗净，切条；青葱洗净，切段。
2. 炒锅加油烧热，入蒜末爆香，再加入竹笋丝翻炒片刻，将切好的红辣椒加入一起翻炒至熟。
3. 加入除葱以外的其余调味料调好味，待香味散发，撒青葱段，最后起锅盛盘即可。

🐷 原料

浏阳烟笋500克，青蒜100克。

🍴 调料

红尖椒、蒜、姜、酱油各20克，盐、味精各5克。

🍳 制作方法

1. 烟笋洗净切丝；青蒜洗净切成斜段；红尖椒洗净切粒；蒜去皮切片；姜去皮切片。
2. 炒锅烧热下油，放进蒜片、姜片、红尖椒爆香，再放入青蒜段、烟笋、酱油煸炒至熟，下盐、味精炒匀，盛出装盘即可。

浏阳烟笋

小提示

浏阳烟笋
● 具有醒脾气、消积食的作用，推荐在减肥期间食用。

胡萝卜炒茭白
● 含较多的碳水化合物、脂肪等，能补充人体所需营养物质，具有健壮机体的作用。

胡萝卜炒茭白

🐷 原料

胡萝卜、茭白各300克。

🍴 调料

大葱15克，酱油5克，盐3克，鸡精1克。

🍳 制作方法

1. 胡萝卜、茭白洗净，均焯水，捞出切丝；大葱洗净切斜段。
2. 锅倒油烧热，爆香葱段，倒入茭白丝、胡萝卜丝一起翻炒。
3. 调入酱油、盐、鸡精调味，炒匀即可。

🐷 原料

脆笋300克，鸡汤少许。

🍴 调料

盐、味精各3克，香油、生抽、辣椒、葱各10克。

🎵 制作方法

1. 脆笋、辣椒洗净，切丝；葱洗净，切段。
2. 锅置火上，放油烧至六成热，放辣椒炒香，下入脆笋煸炒，再加入鸡汤煮至汁将干。
3. 加入葱段翻炒均匀，放盐、味精、香油、生抽调味，盛盘即可。

浏阳鸡汁脆笋

小提示

浏阳鸡汁脆笋
● 具有开胃、促进消化、增强食欲的作用。

荠菜冬笋
● 含有效的止血成分，能缩短出血及凝血时间。

荠菜冬笋

🐷 原料

冬笋450克，荠菜末30克。

🍴 调料

酱油6克，白糖3克，味精4克，香油5克，料酒6克，花椒12克。

🎵 制作方法

1. 冬笋切小滚刀块。
2. 锅中入油少许，将花椒炸出香味，捞出。
3. 倒入冬笋煸炒，加酱油、白糖、料酒，加盖焖烧至入味，加荠菜末、味精炒匀，淋香油出锅即可。

🍲 原料

嫩笋尖250克。

🍴 调料

盐5克，白糖、料酒、姜丝、香菜叶、红椒、植物油各适量。

🥢 制作方法

1. 嫩笋尖切成长条；红椒洗净，切成条形；香菜叶洗净。
2. 炒锅入植物油烧热，加姜丝爆香，再将笋尖倒入锅中翻炒至熟。
3. 调入盐、白糖、料酒，继续翻炒至香味散发，起锅装盘，摆上香菜叶、红椒条即可。

湘西笋尖

小提示

湘西笋尖
- 可用于促进消化不良病症。

天目山笋尖
- 有助消化、防止便秘、利九窍、通血脉、化痰涎。

天目山笋尖

🍲 原料

竹笋400克，西芹、甜椒各50克。

🍴 调料

盐4克，生抽8克，醋10克，香油适量。

🥢 制作方法

1. 竹笋洗净，斜切成段；西芹洗净，取茎切成段；甜椒洗净切成块。
2. 竹笋、西芹、甜椒在开水中进行焯烫，捞出，放凉。
3. 将竹笋、西芹、甜椒放入一个容器，加入盐、生抽、醋、香油拌匀即可。

🍲 原料

莴笋300克,红椒1个,小葱叶段4~6根。

🍴 调料

盐4克,味精2克,鸡精2克。

🥄 制作方法

① 将莴笋削去皮,切成细丝,红椒去蒂、去籽切丝备用。

② 锅上火,加入适量清水,烧沸,放入莴笋丝,烫后捞出沥干水分。

③ 锅上火,倒入25克油烧热,倒入莴笋丝、红椒丝,调入调味料,炒入味即可。

翡翠莴笋丝

小提示

翡翠莴笋丝
● 具有利五脏、通经脉、清胃热、清热利尿的功效。

炒莴笋片
● 开通疏利、消积下气。莴苣味道清新且略带苦味,刺激消化酶分泌,增进食欲。

炒莴笋片

🍲 原料

莴笋450克,豆豉10克,红椒、葱末、蒜末各适量。

🍴 调料

盐3克,味精、料酒各适量。

🥄 制作方法

① 莴笋去皮,切片;红椒洗净,切圈。

② 炒锅加油烧热,爆香蒜末,然后加入莴笋片翻炒,待快熟时加入豆豉及红椒圈一起拌炒。

③ 入盐、味精、料酒调味,翻炒均匀后撒葱花,最后盛盘即可。

西芹炒山药

原料

西芹、山药各200克。

调料

盐2克，味精1克。

制作方法

1. 西芹洗净，切圆片；山药去皮洗净，切片；两者分别用开水焯一下。
2. 炒锅加油烧热，放入山药片、西芹片、盐、味精炒至断生即可。

小提示

西芹炒山药
● 健脾益胃助消化，具有促进脾胃消化吸收功能。

炒豆腐
● 具有补中益气、清热润燥、生津止渴、清洁肠胃之功效。

炒豆腐

原料

豆腐1000克，干辣椒2个切段。

调料

盐5克，水淀粉30克，食用油100毫升，酱油5毫升，葱花、姜末、清汤各适量。

制作方法

1. 将豆腐切成1厘米见方的丁。
2. 将食用油放入锅内，烧至八成热，放入豆腐丁炸一下，捞出沥油。
3. 锅内下适量食用油，放入姜末、辣椒煸炒，加入清汤、盐、酱油、豆腐丁，烧焖片刻，用水淀粉勾芡，出锅撒葱花即可。

原料

西芹、熟板栗各300克。

调料

盐3克，味精1克。

制作方法

1. 西芹洗净，斜切成小段；熟板栗去壳，去皮，洗净。
2. 锅倒水烧开，放入西芹焯烫后捞出，沥干水分。
3. 另起锅倒油烧热，放入西芹、板栗翻炒，加入盐、味精炒透入味，出锅即可。

板栗炒西芹

小提示

板栗炒西芹
● 能防治高血压病、冠心病、动脉硬化、骨质疏松等疾病。

炝炒圆白菜
● 具有补骨髓、润脏腑、益心力、清热止痛的功效。

炝炒圆白菜

原料

圆白菜300克，干辣椒10克。

调料

盐3克，醋适量，味精3克。

制作方法

1. 圆白菜洗净，切成三角片状；干辣椒剪成小段。
2. 锅上火，加油烧热，下入干辣椒段炒出香味。
3. 下入圆白菜片，炒熟后，再加入所有调味料炒匀即可。

湘西外婆菜 》

炒土豆丝 》

原料

外婆菜300克，红尖椒、青蒜各适量。

原料

土豆2个（约250克）。

调料

盐、味精、老抽、食用油、香油各适量。

调料

食用油、酱油、盐、米醋、葱花、花椒各适量。

制作方法

1. 外婆菜洗净，切碎；红尖椒洗净，切圈；青蒜洗净，切小段。
2. 锅内入食用油烧热，放入外婆菜炒香，加入红尖椒、青蒜段翻炒均匀。
3. 调入盐、味精、老抽、香油炒匀即可。

制作方法

1. 土豆去皮，洗净，切成细丝，放在清水中浸泡10分钟，洗去淀粉。
2. 将炒锅置火上，放入食用油和花椒烧热，再下葱花爆香。
3. 放入土豆丝，炒拌约5分钟，待土豆丝快熟时放入酱油、米醋、盐，略炒一下出锅。

 小提示

湘西外婆菜
● 温中散寒，开胃消食。

炒土豆丝
● 有助肝脏解毒。

苦瓜炒豆豉

🍲 原料

苦瓜250克，豆豉15克。

🍴 调料

食用油、盐、味精、辣椒、蒜粒各适量。

🍳 制作方法

1. 将苦瓜去蒂、去籽，洗净后切成薄片，豆豉用水泡后洗净、拍碎。
2. 炒锅上火，倒入食用油烧热后，爆香辣椒、豆豉、蒜粒。
3. 放入苦瓜片和水，用中火焖煮至熟透，加入盐和味精调味，拌匀即成。

小提示

苦瓜炒豆豉
● 豆豉性平，味甘微苦，有发汗解表、清热透疹、宽中除烦、宣郁解毒之效。

鱼香茶树菇
● 具有美容、降血压、健脾胃、防病抗病、提高人体免疫力等优点。

鱼香茶树菇

🍲 原料

茶树菇350克，泡红椒100克，芹菜30克。

🍴 调料

盐、葱末、姜末、蒜蓉、糖、酱油、陈醋、食用油各适量。

🍳 制作方法

1. 茶树菇洗净，大的一切为二；芹菜洗净，切段；将盐、葱末、姜末、蒜蓉、糖、酱油、陈醋拌匀成鱼香汁备用。
2. 食用油入锅烧热，下入泡红椒炒香，再下入茶树菇、芹菜段翻炒。
3. 待熟时，调入鱼香汁，待汁浓时出锅即可。

干煸四季豆

原料

四季豆段300克，猪肉馅30克。

调料

食盐、姜、花椒、料酒、干辣椒、蒜末、植物油、鸡粉、生抽各适量。

制作方法

1 四季豆段放入油锅中炸软，捞出沥油，备用。

2 倒出做法1的油，留少量油重新加热，放入猪肉末炒至变色，再加入蒜末、干辣椒段炒香。

3 做法2的锅中加入所有调料拌炒均匀，再加入做法1的四季豆段炒入味即可。

小提示

干煸四季豆
● 化湿而不燥烈，健脾而不滞腻，为脾虚湿停常用之品。

泡椒腐竹爆菜帮
● 促进骨骼发育，对小儿、老人的骨骼生长极为有利。

泡椒腐竹爆菜帮

原料

腐竹50克，白菜帮100克。

调料

盐1克，泡红椒40克，食用油适量。

制作方法

1 腐竹泡发，洗净，切段；白菜帮洗净，切条；泡红椒对切。

2 锅置火上，入食用油烧热，放入腐竹段稍炒后，加入白菜帮翻炒片刻。

3 入泡红椒同炒，调入盐炒匀，起锅盛入盘中即可。

🍲 原料

青菜干、萝卜干各100克，红椒适量。

🥄 调料

盐3克，生抽、辣椒油、香油、干红辣椒、葱、食用油各适量。

🍳 制作方法

1. 青菜干、萝卜干均用温水泡发，洗净，切碎；干红辣椒洗净，切小段；红椒洗净，切小粒；葱洗净，切葱花。
2. 锅内入食用油烧热，入干红辣椒段、红椒粒稍炒，加入青菜干、萝卜干同炒片刻。
3. 调入盐、生抽、辣椒油炒匀，入葱花稍炒后，淋入香油，起锅盛入钵中即可。

乡村干菜钵

小提示

乡村干菜钵
● 开胃消食，消风行气。

青蒜炒豆腐
● 具有显著的抗癌活性。

青蒜炒豆腐

🍲 原料

青蒜100克，豆腐500克。

🥄 调料

姜末、食用油、盐、红椒、花椒水各适量。

🍳 制作方法

1. 将青蒜择洗干净，切成段，将豆腐切成片；红椒洗净，切成小圆圈。
2. 炒锅上火，放食用油烧热，放入红椒圈，放姜末炝锅，下入豆腐片翻炒。
3. 放入盐、花椒水、青蒜段，炒至九成熟即可。

茄子炒豇豆

🥘 原料

茄子、豇豆各150克。

🍴 调料

盐、味精、辣椒油、生抽、香油、食用油、干红辣椒各适量。

🍲 制作方法

1. 茄子洗净，切长条，放入盐水中浸泡片刻后捞出，沥干水分；豇豆洗净，切长段，焯水后捞出；干红辣椒洗净，切碎。
2. 锅内入食用油烧热，入干红辣椒碎炒香，再入茄子条翻炒至变软，加入豇豆段翻炒片刻。
3. 掺入少许清水烧开，调入盐、辣椒油、生抽炒至茄子条、豇豆段均熟透，以味精调味，淋入香油，起锅盛入盘中即可。

小提示

茄子炒豇豆
- 具有理中益气、健胃补肾、和五脏、调颜养身之功效。

山楂玉米粒
- 具有利尿降压、止血止泻、助消化的作用。

山楂玉米粒

🥘 原料

干山楂50克，鲜玉米500克，豌豆仁50克。

🍴 调料

食用油250毫升，蒜蓉、盐、味精各适量。

🍲 制作方法

1. 将干山楂切成粒；鲜玉米取玉米粒待用。
2. 锅内下食用油，下蒜蓉爆香，加入山楂粒、玉米粒、豌豆仁翻炒。
3. 将近熟时，调入盐、味精调味即可。

乡村老豆腐

原料

老豆腐500克。

调料

蒜蓉10克，盐5克，葱4克，辣椒油15克，生抽10毫升，白糖5克，食用油适量。

制作方法

① 老豆腐洗净，切成四方形厚块；葱洗净，切葱花备用。

② 将豆腐块下入沸水锅中焯水至熟，捞出沥干水分。

③ 锅内入食用油烧热，下入豆腐块翻炒均匀，再加入蒜蓉、盐、辣椒油、生抽、白糖调味，最后撒葱花即可。

老干妈辣豆腐

原料

豆腐400克，小油菜80克，洋葱、青椒、红椒各适量。

调料

盐3克，生抽、辣椒油、食用油、水淀粉、豆豉、葱各适量。

制作方法

① 豆腐稍洗，切厚片；小油菜洗净，对切；青椒、红椒、洋葱均洗净，切碎粒；葱洗净，切葱花。

② 锅内入食用油烧热，下入豆腐片煎至两面金黄色时盛出。

③ 再热油锅，入豆豉、洋葱粒、青椒粒、红椒粒炒香，再倒入豆腐片翻炒均匀。

④ 注入少许清水烧开，调入盐、生抽、辣椒油煮至豆腐片入味，以水淀粉勾芡，起锅盛入盘中，撒上葱花。

⑤ 将小油菜焯水后摆入豆腐中即可。

小提示

乡村老豆腐
- 豆腐对病后调养、减肥、细腻肌肤亦很有好处。

老干妈辣豆腐
- 具有蛋白质、低脂肪、降血压、降血脂、降胆固醇的功效。

鸡汁脆笋

原料

鸡汁脆笋300克，红尖椒100克。

调料

葱、盐、味精、料酒、酱油、胡椒粉、食用油、香油各适量。

制作方法

1. 红尖椒洗净，切丝；葱洗净，切段，待用。
2. 锅内入食用油，入红尖椒丝炒香，下入鸡汁脆笋，烹入料酒，加少许酱油翻炒，入葱段，加盐、味精、胡椒粉，淋香油炒匀即成。

小提示

鸡汁脆笋
- 竹笋含有丰富的蛋白质、脂肪、糖类、钙、磷、铁、胡萝卜素。

三丝炒绿豆芽
- 胡萝卜中的木质素，具有间接抑制癌细胞生长的作用。

三丝炒绿豆芽

原料

绿豆芽150克，胡萝卜50克，韭菜50克，木耳30克。

调料

盐8克，味精5克，食用油10毫升，蒜蓉适量。

制作方法

1. 将绿豆芽洗净，韭菜切段，胡萝卜切丝，木耳浸泡后切成丝。
2. 锅内放食用油烧热，放入做法1中的食材及蒜蓉煸炒。
3. 熟时加盐、味精炒匀，出锅即可。

尖椒咸菜丝

🐷 **原料**

咸菜头350克，红椒适量。

🍴 **调料**

味精、白醋、老抽、辣椒油、香油、香菜、食用油各适量。

🍶 **制作方法**

① 咸菜头用清水反复冲洗去盐分，切丝；红椒洗净，切丝；香菜洗净，切段。

② 锅内入食用油烧热，放入咸菜丝、红椒丝翻炒均匀，再入香菜段同炒片刻。

③ 调入味精、白醋、老抽、辣椒油炒匀，淋入香油，起锅盛入盘中即可。

小提示

尖椒咸菜丝
● 增加食欲，促进肠道蠕动，帮助消化。

丝瓜炒蛋
● 止咳化痰、凉血解毒的作用。

🐷 **原料**

丝瓜250克，鸡蛋150克，红椒1个。

🍴 **调料**

食用油、香油、盐、味精、葱末各适量。

🍶 **制作方法**

① 将鸡蛋磕入碗内，加适量盐，搅打均匀。

② 丝瓜去皮，洗净，切滚刀块；红椒洗净，切滚刀块。

③ 炒锅内加食用油烧热，下入红椒块、葱末炝锅，待爆出香味放入丝瓜块炒熟，倒入鸡蛋液翻炒，加入盐搅匀，淋入香油，撒入味精即可。

丝瓜炒蛋

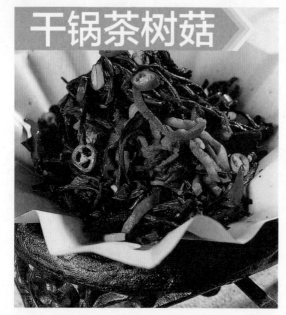

干锅茶树菇

🐷 原料

茶树菇150克，青椒、红椒各适量。

🍴 调料

盐、胡椒粉、老抽、香油、香菜、食用油各适量。

🍳 制作方法

1. 茶树菇泡发，去蒂，洗净，切成段，入沸水锅中焯水后捞出；青椒、红椒均洗净，切小段。
2. 锅内入食用油烧热，入青椒、红椒炒香，再入茶树菇段煸炒，注入少量清水烧开。
3. 调入盐、胡椒粉、老抽拌匀，淋入香油，起锅装入锅仔中，撒上香菜，带酒精炉上桌即可。

小提示

干锅茶树菇
● 具有美容、降血压、健脾胃、防病抗病的功效。
金针菇荷兰豆
● 金针菇具有热量低、高蛋白、低脂肪、多糖、多种维生素的特点。

🐷 原料

金针菇、荷兰豆各200克，红萝卜1根。

🍴 调料

盐、味精各2克，香油5毫升，食用油适量。

🍳 制作方法

1. 金针菇去蒂，洗净后切段；荷兰豆去老筋，洗净，切丝；胡萝卜洗净，切丝。
2. 锅内入食用油烧热，放入金针菇、荷兰豆丝同炒至熟。
3. 调入盐、味精、香油，最后放入红萝卜丝搅拌均匀，稍装饰即可。

金针菇荷兰豆

香菜脆茄

🥘 原料

茄子400克。

🍴 调料

盐、味精、花椒粉、水淀粉、香菜、干红辣椒、食用油各适量。

🍲 制作方法

1. 茄子去皮，洗净，切片，加盐、水淀粉拌匀；香菜洗净，切碎；干红辣椒洗净，切段。
2. 锅置火上，入食用油烧热，放入茄子片炸至表面结壳时捞出。
3. 再热油锅，入干红辣椒段炒香，倒入茄子片，加入香菜翻炒均匀，调入味精、花椒粉炒匀，起锅盛入盘中即可。

小提示

香菜脆茄
● 具有清热止血，消肿止痛的功效。
手撕包菜
● 具有很强的抗氧化作用及抗衰老的功效。

手撕包菜

🥘 原料

圆白菜650克。

🍴 调料

干辣椒、花椒、大蒜、香菜、食用油、鸡精、生抽、盐各适量。

🍲 制作方法

1. 圆白菜洗净，掰去老叶，撕成片状；干辣椒切成丁，大蒜剁成末。
2. 锅内放油烧热，加入蒜末、干辣椒和花椒，小火炒至香气四溢时，倒入圆白菜，转大火快炒至菜叶稍软，略呈半透明状，加入鸡精、生抽和盐炒匀入味。
3. 将炒好的圆白菜盛入盘中，放上香菜做点缀即可。

虎皮尖椒

🍲 原料

尖椒250克，熟芝麻8克。

🍴 调料

盐、味精各3克，酱油、香油各10克。

🥄 制作方法

① 尖椒洗净，去蒂，去籽，切成大块。

② 锅置火上，放油，烧至六成熟，下入尖椒块，大火炸至表面呈虎皮状，捞出，沥干油分，盛盘。

③ 油锅再烧热，放入盐、味精、酱油、香油炒匀，淋在尖椒上，撒上熟芝麻即可。

小提示

虎皮尖椒
● 增加食欲，促进肠道蠕动，帮助消化。

干煸脆茄
● 是心血管病人的食疗佳品，并有辅助治疗的作用。

干煸脆茄

🍲 原料

茄子500克，青椒300克，红辣椒50克。

🍴 调料

盐3克，鸡精2克，豉油、酱油、醋各适量。

🥄 制作方法

① 茄子去皮切片，青椒去蒂洗净；红辣椒为段。

② 锅置火上，入食用油烧热，放入茄片炸至表面结壳时捞出。

③ 再热油锅，入干红辣椒段炒香，倒入茄子片，加入香菜翻炒均匀，调入味精、花椒粉炒匀，起锅盛入盘中即可。

原料

四季豆500克，芽菜50克。

调料

红尖椒、盐、葱、酱油各适量。

干煸豆角

制作方法

1. 四季豆撕去筋，洗净沥干；红尖椒切成段；葱、姜、蒜洗净切碎。
2. 锅倒油烧热，放入四季豆炸至表皮起皱后盛起。
3. 锅留底油烧锅，下红尖椒段、葱末、蒜末、芽菜爆香，再下入四季豆一起煸炒。
4. 最后调入酱油、盐炒匀即可。

小提示

干煸豆角
- 四季豆中含有丰富的维生素C和铁，经常食用对缺铁性贫血有益。

风味茄子
- 健脾开胃调理，便秘调理。

原料

茄子300克，青豆50克，红椒适量。

调料

盐4克，味精、辣椒油、香油各适量。

风味茄子

制作方法

1. 茄子洗净，切丁；青豆冲水、沥干；红椒洗净，切丁。
2. 炒锅入油烧热，加青豆翻炒至豆粒变软，再将茄子、红椒丁一起加入锅中拌炒。
3. 待茄子变熟软时，加全部调味料调味，最后加少许水焖煮2分钟，起锅装碗即可。
4. 最后调入酱油、盐炒匀即可。

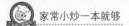

湘辣萝卜干

🥢 原料

萝卜干150克。

🍴 调料

盐3克，辣椒粉、辣椒油、味精、香菜叶各适量。

🥘 制作方法

① 萝卜干用温水泡软捞起沥干，切成小段；香菜叶洗净。

② 炒锅加油烧热，加切好的萝卜干炒3分钟，入盐、味精调味，继续炒匀。

③ 最后将辣椒粉、辣椒油加入，拌炒至香味散发，起锅盛碗，撒香菜叶即可。

小提示

湘辣萝卜干
● 开胃消食、消风行气。
辣椒萝卜
● 具有开胃健脾、顺气化痰的功效。

🥢 原料

红椒50克，腌萝卜500克。

🍴 调料

味精2克，香菜叶适量。

🥘 制作方法

① 红椒洗净，切块；腌萝卜洗净，切小丁；香菜叶洗净。

② 炒锅入油烧热，倒入腌萝卜丁略炒，再将红椒块一起加入。

③ 翻炒至熟时，加入味精调味，继续翻炒至入味，起锅盛盘，撒香菜叶即可。

辣椒萝卜

🐷 原料

鲜玉米300克，咸蛋黄100克。

🎋 调料

盐、食用油各适量。

🍳 制作方法

1. 将鲜玉米蒸熟，在玉米粒中放少量食用油、盐拌匀。
2. 将咸蛋黄碾成泥。锅置火上，放几滴食用油，烧至温热后下玉米粒稍炒。
3. 下咸蛋黄泥略翻炒，使玉米粒裹匀蛋黄即可起锅装盘。

玉米蛋黄

小提示

玉米蛋黄
- 具有调中开胃、益肺宁心、清湿热、利肝胆、延缓衰老等功能。

麻婆豆腐
- 具有益气宽中、生津润燥、清热解毒、和脾胃作用。

麻婆豆腐

🐷 原料

嫩豆腐500克，牛肉末150克。

🎋 调料

干红辣椒、姜末、豆瓣酱、生抽、糖、料酒、盐、食用油、花椒粉、葱花、水淀粉各适量。

🍳 制作方法

1. 嫩豆腐切丁；干红辣椒切丁；取1个空碗，加入豆瓣酱、生抽、糖、料酒、清水、盐混合做成酱汁。
2. 将豆腐丁放入加了盐的沸水中焯30秒，捞起沥干备用。
3. 炒锅内放食用油，以小火炒香姜末和干红辣椒丁，倒入牛肉末炒散至肉变色，倒入酱汁，与牛肉末一同拌炒均匀，煮至沸腾。
4. 倒入嫩豆腐丁轻轻拌匀，以水淀粉勾芡，撒上花椒粉和葱花即可装盘。

酸菜土豆丝

🍲 原料

土豆300克，酸菜150克，红椒适量。

🍴 调料

盐、味精、食用油、生抽、辣椒油各适量。

🍳 制作方法

1. 土豆去皮，洗净，切细丝，入清水中浸泡片刻，再入沸水锅中焯水后捞出；酸菜洗净，挤干水分，切碎；红椒洗净，切小片。
2. 锅内入食用油烧热，入酸菜碎快炒1分钟后盛出。
3. 再起油锅，下入土豆丝以大火翻炒1分钟，倒入酸菜碎、红椒片同炒。
4. 调入盐、味精、生抽、辣椒油炒匀，起锅盛入盘中即可。

小提示

酸菜土豆丝
● 有保持胃肠道正常生理功能之功效。

怪噜花生
● 花生含丰富的维生素及矿物质，可以促进人体的生长发育。

怪噜花生

🍲 原料

花生仁300克，榨菜50克。

🍴 调料

食用油、盐、香菜各适量。

🍳 制作方法

1. 花生仁用温开水浸泡片刻，再用清水洗净、沥干；香菜洗净，切碎；榨菜切碎。
2. 锅置火上，入食用油烧热，倒入花生仁炸至酥脆，加入榨菜碎炒片刻。
3. 调入盐炒匀，起锅盛入碗中，撒上香菜碎即可。

酸椒白菜

原料

白菜300克，干辣椒、蒜末各少许。

调料

盐2克，味精1克，鸡粉2克，料酒、水淀粉、白醋、食用油各适量。

制作方法

1. 将白菜洗净，切小块；木耳洗净去根，切小块；干辣椒洗净去籽，切成小块。
2. 用油起锅，倒蒜末、干辣椒爆香，倒入白菜块，淋入料酒、清水，翻炒至熟，加盐、味精、鸡粉调味，淋入白醋，加入淀粉勾芡炒匀，装盘即可。

小提示

酸椒白菜
- 具有养胃生津、除烦解渴、利尿通便、清热解毒、预防便秘等功效。

韭菜炒核桃仁
- 有温肝、补肾、健脑、强筋、壮骨的功能。

韭菜炒核桃仁

原料

韭菜200克，核桃仁40克，彩椒30克。

调料

盐3克，鸡粉2克，食用油各适量。

制作方法

1. 将韭菜洗净，切成段；彩椒洗净，切成粗丝。
2. 将核桃仁焯水。
3. 用油起锅，倒核桃仁，炸至水分全干，捞出。
4. 锅底留油烧热，倒入彩椒丝爆香，放入韭菜炒断生，加盐、鸡粉调味，放入核桃仁，翻炒入味即可。

丝瓜炒油条

 原料

丝瓜500克，油条70克，红椒1个。

调料

味精、鸡精、姜片、蒜片、葱白、盐、淀粉、耗油、食用油各适量。

 制作方法

1. 将洗净的丝瓜去皮，切成条；油条切成长短均匀的斜块。
2. 红椒洗净，切成条。
3. 锅中入食用油烧热，入姜片、蒜片、葱白爆香。
4. 倒入丝瓜炒匀。加入少许清水，翻炒片刻。
5. 加入盐、味精、鸡精、耗油。
6. 倒入油条，加少许清水炒1分钟至油条熟软。
7. 再淋入少许熟油炒匀，起锅装盘即可。

小提示

丝瓜炒油条
● 油条含有大量的铝、脂肪、碳水化合物、部分蛋白质、少量的维生素及钙、磷、钾等矿物质，是高热量、高油脂食品。

🐷 原料

白菜300克。

🍴 调料

盐、味精各3克，醋、辣椒油、辣椒、干红辣椒各15克。

🍳 制作方法

1. 白菜、辣椒洗净，白菜取梗切成菱形片；干红辣椒洗净，切段。
2. 油锅烧热，下入干红辣椒爆香，放入白菜片、辣椒段煸炒一下。
3. 加盐、味精、醋、辣椒油调味，翻炒均匀，盛盘即可。

小提示

酸辣白菜
● 白菜既增强身体抵抗力，又有预防感冒及消除疲劳的功效。
蒜蓉西蓝花
● 具有补肾填精、健脑壮肾、补脾和胃、温中清食、解毒杀虫之功效。

🐷 原料

西蓝花300克。

🍴 调料

油、盐、鸡精、淀粉各适量，大蒜3粒。

🍳 制作方法

1. 准备好西蓝花和大蒜，西蓝花洗净掰小朵。大蒜剁碎备用，锅中注入水烧开，加入少量的盐和几滴油。
2. 西蓝花在沸水中焯1分钟，直接捞入冷水中冲凉后沥干水分。炒锅中倒入油，油热至7成，下蒜末翻炒出香味。倒入焯好的西蓝花翻炒均匀，加入盐和鸡精，勾薄芡即可。

西蓝花炒鸡腿菇

🍲 原料

鸡腿菇200克，西蓝花150克，红椒1个。

🍴 调料

盐3克，鸡粉2克，食用油、蒜各适量。

🍳 制作方法

① 西蓝花洗净，掰成小朵，鸡腿蘑洗净，两样东西分别到开水里烫一下！

② 过凉水后鸡腿蘑切段，葱、蒜洗净，切末，红椒洗净，切片。

③ 油锅烧热，放入葱末煸香，投入红椒片煸炒，加入鸡腿菇和西蓝花煸炒几下，加入少许盐，最后加蒜末炒匀出锅装盘。

小提示

西蓝花炒鸡腿菇
● 鸡腿菇纤维素可以促进肠壁的蠕动，帮助消化，防止大便干燥。

菠菜花生米
● 抗老化，延缓脑功能衰退。

菠菜花生米

🍲 原料

菠菜300克，花生米150克。

🍴 调料

糖少许、盐、蒜、香油、生抽、米醋、植物油各适量。

🍳 制作方法

① 花生米放入锅中小火炸香炸熟，晾凉，蒜切末。

② 锅中放水，放少许植物油和盐，菠菜放到沸水中焯熟，再放入凉水中过凉，沥干水分。

③ 菠菜切断儿，加生抽、米醋、白糖、盐、蒜末、香油调拌均匀，再撒入花生米搅拌均匀即可。

Part 2 畜肉类

干煸大肠

🐷 原料

猪大肠400克，芹菜50克。

🍴 调料

食用油、盐、花椒粉、白醋、老抽、辣椒油、料酒、姜片、花椒、干红辣椒、葱、白芝麻各适量。

🍳 制作方法

1. 猪大肠处理干净，放入加有料酒、姜片的沸水锅中煮至八成熟时捞出，切段；干红辣椒洗净，切段；葱洗净，切葱花；芹菜洗净，切段。
2. 锅内入食用油烧热，放入猪大肠段煸炒至出油时盛出。
3. 再热油锅，入干红辣椒段、花椒爆香，倒入猪大肠段、芹菜段翻炒均匀，调入盐、花椒粉、白醋、老抽、辣椒油炒匀，起锅盛入盘中，撒上葱花、白芝麻即可。

小提示

干煸大肠
- 猪大肠有润燥、补虚、止渴、止血之功效。

香菜牛肉丝
- 有助于紧张训练后身体的恢复。

香菜牛肉丝

🐷 原料

牛肉450克，香菜100克。

🍴 调料

盐、味精、水淀粉、白糖、食用油各适量。

🍳 制作方法

1. 香菜洗净，摘除叶片，切段；牛肉洗净，切丝，放入碗中，加入盐、味精、白糖、水淀粉、食用油腌几分钟。
2. 锅内倒入食用油烧热，放入牛肉丝快炒，立即捞出。
3. 锅中留适量底油继续烧热，爆香香菜段，放入牛肉丝以大火煸炒至干即可。

腰花烧茄子

原料

猪腰1个，茄子300克，蒜薹15克。

调料

蒜、盐、酱油、水淀粉、食用油各适量。

制作方法

1. 将茄子洗净，去皮，切滚刀块，下入清水中浸泡约5分钟，再捞出挤干水分。
2. 猪腰洗净，剖开，去掉腰臊，打上花刀，再切成片；蒜洗净，切末，蒜薹洗净，切成长5厘米的小段。
3. 锅内入食用油，待油烧至冒烟时放入蒜末，略微煸炒至闻到香味后放入处理好的猪腰片，翻炒到猪腰变色、断生后加入茄子块、蒜薹继续翻炒。
4. 等茄子变软后加入盐、酱油炒匀，再用水淀粉勾芡即可。

小提示

腰花烧茄子
● 具有补肾气、通膀胱、消积滞、止消渴之功效。
芦蒿炒咸肉
● 具有清凉、平抑肝火、预防便秘之功效。

芦蒿炒咸肉

原料

芦蒿300克，咸肉200克。

调料

盐2克，红椒10克，味精5克，食用油适量。

制作方法

1. 芦蒿择洗干净，再切成长段；咸肉用温水稍泡以去掉部分咸味，再切成片；红椒洗净，切条。
2. 锅内入食用油烧热，下入成咸片炒至吐油，出香味时下入芦蒿段、红椒条一起翻炒。
3. 炒至熟后，加盐、味精调味即可。

🍲 原料

鹅大肠300克。

🥄 调料

食用油、盐、胡椒粉、白醋、生抽、料酒、姜片、花椒、干红辣椒、葱各适量。

🍳 制作方法

1. 鹅大肠处理干净，放入加有料酒、姜片的沸水锅中煮熟后捞出，晾凉，切条；干红辣椒、葱均洗净，切段。
2. 锅内入食用油烧热，放入鹅大肠段，以中火煸干水分，调入盐，翻炒片刻后盛出。
3. 再起热油锅，入花椒爆香后捞出，再入干红辣椒段炒香，倒入鹅大肠段，调入胡椒粉、白醋、生抽炒匀，加入葱段稍炒后，起锅盛入盘中即可。

鹅大肠 ▶

小提示

鹅大肠
● 对人体新陈代谢、神经、心脑血管有很好的调节作用。

酸豆角腰花
● 有助于紧张训练后身体的恢复。

酸豆角腰花 ▶

🍲 原料

酸豆角200克，猪腰250克。

🥄 调料

料酒、盐、酱油、鸡精各适量。

🍳 制作方法

1. 酸豆角洗净切段；猪腰剖开洗净，打开花刀后再切成条。
2. 锅倒油烧热，放入腰花，烹入料酒爆炒，加入酸豆角翻炒。
3. 加入盐、酱油、鸡精炒匀即可。

蒜薹炒腊牛肉

🍲 原料

腊牛肉250克，蒜薹500克。

🍴 调料

油、盐、红辣椒、生抽、糖各适量。

🥘 制作方法

① 先把腊牛肉放入蒸笼蒸熟。

② 把蒜薹根部较老的部分剥老筋，然后切段。

③ 红辣椒切成小圆圈。

④ 腊牛肉蒸熟后，取出，切成薄片。

⑥ 热锅冷油，把红辣椒圈放入爆香，再放入蒜薹煸炒，加入适量的盐、糖调味。

⑦ 然后放入腊牛肉，放入少许的生抽提鲜味。

⑧ 大火翻炒均匀后，出锅装盘。

小提示

蒜薹炒腊牛肉

● 清肠利便，刺激大肠排便、调治便秘，多食用蒜薹能预防痔疮的发生，降低痔疮复发的次数，并对轻中度痔疮有一定的辅助食疗作用。

原料

牛肉500克。

调料

盐、食用油、胡椒粉、辣椒油、生抽、料酒、水淀粉、香油、姜片、葱段、干红辣椒、香菜各适量。

制作方法

1. 牛肉洗净，切片，加盐、料酒、水淀粉腌制；干红辣椒洗净，切小段；香菜洗净，切段。
2. 锅内入食用油烧热，放入牛肉片滑熟后盛出。
3. 再起热油锅，入姜片、葱段爆香后捞出，放入干红辣椒段炒香，加入牛肉片，调入盐、胡椒粉、辣椒油、生抽炒匀，淋入香油，起锅盛入盘中，撒上香菜段即可。

香辣嫩牛肉

小提示

香辣嫩牛肉
● 促进蛋白质的新陈代谢和合成，从而有助于紧张训练后身体的恢复。

小炒肚丝
● 含有蛋白质，维生素及钙、磷、铁等，具有补虚损、健脾胃的功效。

小炒肚丝

原料

猪肚400克，蒜薹50克，红椒20克。

调料

盐3克，味精1克，酱油12克，醋少许。

制作方法

1. 猪肚洗净，切丝；蒜薹洗净，切段；红椒洗净，切圈。
2. 炒锅注油烧热，放入猪肚丝炒至变色，再放入蒜薹段、红椒圈一起翻炒。
3. 倒入酱油、醋炒至熟后，调入盐、味精拌匀，起锅装盘即可。

🍳 原料

牛肚400克，韭菜100克。

🍴 调料

食用油、盐、胡椒粉、料酒、老抽、干红辣椒圈、葱、姜、辣椒油各适量。

🍲 制作方法

① 牛肚处理干净，放入加有料酒的沸水锅中氽煮至熟后捞出；韭菜洗净，切段；葱洗净，切末；姜去皮，洗净，切末。

② 锅置火上，入食用油烧热，入葱末、姜末爆香后捞出，再入韭菜炒出香味，倒入牛肚翻炒片刻。

③ 再起热油锅，入姜末、葱末爆香后捞出，放入干红辣椒圈炒香，调入盐、胡椒粉、辣椒油、生抽炒匀，淋入香油，起锅盛入盘中即可。

风味牛肚

小提示

风味牛肚
● 防治病后虚嬴、气血不足，消渴，风眩。

荷蹄炒肚片
● 具有补虚养身调理、贫血调理之功效。

荷蹄炒肚片

🍳 原料

荸荠、荷兰豆各100克，猪肚200克。

🍴 调料

盐3克，红椒20克。

🍲 制作方法

① 将荸荠去皮，洗净，切片；荷兰豆、猪肚、红椒洗净，切块。

② 锅中水烧热，放入猪肚氽烫片刻，捞起。

③ 另起锅，烧热油，放入荸荠、荷兰豆、猪肚、红椒翻炒，调入盐，炒熟即可。

咖喱顺风耳丝

🐷 原料

猪耳200克，芹菜100克，咖喱粉50克。

🍴 调料

盐3克，味精1克，醋8克，老抽10克，红椒少许。

🥄 制作方法

1. 猪耳洗净，切丝，用热水汆一下待用；芹菜洗净，切段；红椒洗净，切丝。
2. 锅内注油烧热，放入猪耳丝翻炒至快熟时，加入盐、醋、老抽、咖喱粉翻炒入味，再加入芹菜、红椒一起翻炒。
3. 加入味精调味，起锅装盘即可。

小提示

咖喱顺风耳丝
● 芹菜有利于安定情绪、消除烦躁。

小炒脆骨
● 补充钙质，脆骨中钙质的含量较高。

🐷 原料

猪脆骨300克，蒜薹50克。

🍴 调料

盐3克，鸡精4克，酱油10克，醋适量，红椒、豆豉各少许。

🥄 制作方法

1. 猪脆骨洗净，切条；蒜薹洗净，切段；红椒洗净，切圈。
2. 锅中注油烧热，下豆豉炒香，倒入猪脆骨炒至变色，加入蒜薹。
3. 炒至熟后，加入盐、鸡精、酱油、醋调味，起锅装盘即可。

小炒脆骨

天府满盘香

🍲 原料

猪脆骨400克，小麻花50克。

🍴 调料

食用油、盐、生抽、料酒、鸡蛋清、辣椒油、香油、水淀粉、花椒、干红辣椒、白芝麻各适量。

🍳 制作方法

1. 猪脆骨洗净，切片，加盐、生抽、料酒、鸡蛋清、水淀粉腌制；干红辣椒洗净，切段。
2. 锅置火上，入食用油烧热，放入猪脆骨片炸至焦黄色时捞出。
3. 锅内留底油烧热，入花椒爆香后捞出，再入干红辣椒炒香，倒入炸过的猪脆骨片、小麻花快速翻炒均匀，加入白芝麻同炒，调入辣椒油炒匀，淋入香油，起锅盛入盘中即可。

小提示

天府满盘香
● 味甘、咸，入脾、胃经，有补脾气、润肠胃、生津液、丰机体、泽皮肤、补中益气、养血健骨的功效。

糖醋排骨

🍖 原料

排骨400克。

🍴 调料

酱油4克，白糖5克，醋10克，料酒、盐各适量。

🍲 制作方法

1. 将排骨洗净，剁成块，用开水汆一下，捞出加盐、酱油腌入味。
2. 炒锅注油烧热，下排骨炸至金黄，捞出沥油。
3. 炒锅留少许油烧热，下酱油、醋、白糖、料酒炒匀，下入排骨炒上色，加入适量清水烧开，用慢火煨至汁浓即可。

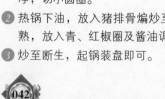
小提示

糖醋排骨
● 含有促进铁吸收的半胱氨酸，能改善缺铁性贫血。

豉椒排骨
● 补肾养血，滋阴润燥。

🍖 原料

猪排骨500克，青椒、红椒各适量。

🍴 调料

盐3克，豆豉酱15克，料酒、酱油各适量。

🍲 制作方法

1. 猪排骨洗净，斩块，用盐、料酒腌渍一会备用；青椒、红椒均去蒂洗净，切小圆圈。
2. 热锅下油，放入猪排骨煸炒至五成熟，放入青、红椒圈及酱油调味。
3. 炒至断生，起锅装盘即可。

豉椒排骨

原料

排骨250克，芹菜、白萝卜各100克。

调料

盐、料酒、白糖、淀粉、辣椒酱各适量。

制作方法

1. 将排骨洗净，剁成小块，放入料酒、盐、白糖、淀粉腌渍入味；芹菜、白萝卜洗净，芹菜切段，白萝卜切条。
2. 锅中油烧热，将排骨裹上淀粉，放入油锅中炸至六成熟，捞起。
3. 锅中留少量油，放入芹菜段、白萝卜条稍炒，再放入排骨，调入盐、辣椒酱，炒熟即可。

京味排骨

小提示

京味排骨
● 具有滋阴壮阳、益精补血的功效。
木耳炒肉
● 木耳中铁的含量极为丰富，具有抗突变作用的功效。

木耳炒肉

原料

木耳80克，猪肉120克，辣椒50克。

调料

水淀粉10克，盐、味精各4克，生抽10克。

制作方法

1. 木耳泡发，洗净，入水中焯一下；辣椒洗净，切成片。
2. 猪肉洗净，切成片，加盐、水淀粉拌匀备用。
3. 油锅烧热，入辣椒爆香、放肉片煸炒至变色，放入木耳炒熟，入盐、味精、生抽调味，装盘即可。

肉炒西葫芦

原料

猪肉200克，西葫芦150克。

调料

盐、味精、水淀粉、辣椒、酱油各适量。

制作方法

1. 猪肉洗净，切片，用盐、味精、水淀粉腌一下；西葫芦洗净，去皮，切成片；辣椒洗净，切片。
2. 油锅烧热，加猪肉，炒至肉色微变时，捞出，锅内留油，下西葫芦炒熟。
3. 入猪肉、辣椒，加清水焖2分钟，入盐、味精、酱油调味，盛盘即可。

小提示

肉炒西葫芦
- 西葫芦富含水分，有润泽肌肤的作用。

川式小炒肉
- 有利于促进胃黏膜的再生，有维持胃肠细胞活力的功能。

川式小炒肉

原料

猪肉400克，青椒适量，红椒少许。

调料

盐、味精、老抽、料酒各适量。

制作方法

1. 猪肉洗净，切片；青椒、红椒洗净，切圈。
2. 锅内注油烧热，放入肉片炒至快熟时，调入盐、老抽、料酒，再放入红椒、青椒一起翻炒。
3. 至汤汁收干时，加入味精调味，起锅装盘即可。

农家小炒肉

🐷 **原料**

五花肉80克，辣椒150克。

🍴 **调料**

盐、味精、酱油、蒜头各适量。

🥄 **制作方法**

1. 五花肉洗净，切片，放盐、味精、酱油腌30分钟；辣椒、蒜头洗净，切片。
2. 油锅烧热，下五花肉煸炒1分钟，加辣椒炒香。
3. 入盐、味精、酱油、蒜片调味，盛盘即可。

小提示

农家小炒肉
- 具有通利肺气、通达窍表、通顺血脉的"三通"作用。

青豆肉丁
- 对疳积泻痢、腹胀羸瘦、妊娠中毒、疮痈肿毒、外伤出血有抑制作用。

青豆肉丁

🐷 **原料**

青豆300克，猪瘦肉100克。

🍴 **调料**

盐3克，鸡精5克，香油、淀粉、酱油、料酒各少许。

🥄 **制作方法**

1. 猪瘦肉洗净，切咸肉丁，加入盐、淀粉和料酒腌制。
2. 锅内烧少许水，放入青豆煮熟，捞起沥干水分。
3. 锅内加入油烧热，放入猪瘦肉丁炒散，加入青豆翻炒，再加入盐、鸡精和少许酱油翻炒熟，淋入香油，起锅即可。

🥣 原料

猪瘦肉300克，水发木耳350克，胡萝卜200克。

🥄 调料

青蒜段15克，酱油5克，盐3克，味精1克，生抽5克，淀粉6克。

🍳 制作方法

肉末烧木耳

1. 猪瘦肉洗净，剁成肉末，用生抽、油、淀粉拌匀；木耳洗净，撕成片，焯烫后捞出；胡萝卜去皮，洗净，切成长方块。
2. 锅倒油烧热，下入肉末、木耳、胡萝卜翻炒。
3. 加入酱油、盐、味精，撒入青蒜段炒匀即可。

小提示

肉末烧木耳
● 猪肉富含铁，是人体血液中红细胞的生成和功能维持所必需的。

鲜木耳肉片
● 益气润肺、滋阴润燥、护肤美容、养胃健脾。

鲜木耳肉片

🥣 原料

鲜木耳300克，猪肉200克。

🥄 调料

盐2克，酱油、香菜各3克。

🍳 制作方法

1. 木耳洗净，撕成小块；猪肉洗净切片；香菜洗净切碎。
2. 锅中倒油加热，下入猪肉片炒至变色，加入木耳炒熟。
3. 调盐和酱油调味，撒上香菜，即可出锅。

豆香炒肉皮

🐷 原料

猪肉皮350克，黄豆100克。

🍴 调料

青椒块、红椒块、八角、干辣椒、生抽、盐、味精、香叶各适量。

🥄 制作方法

1. 黄豆冷水泡发；猪肉皮洗净，切成小块，氽水沥干。
2. 沙锅加干辣椒、八角、香叶、黄豆、肉皮，煮熟捞出黄豆、肉皮。
3. 锅倒油烧热，下青椒块、红椒块炒香，倒入黄豆、肉皮炒匀。
4. 调入生抽、盐、味精，炒匀即可。

小提示

豆香炒肉皮
● 能有效增加神经机能，从而促进其活力。

香辣猪皮
● 有安神镇定营养功效。

🐷 原料

猪蹄皮250克。

🍴 调料

葱、红辣椒、韭菜、酱油、香油、味精、盐各适量。

🥄 制作方法

1. 猪蹄皮洗净，入开水中氽一下；韭菜洗净；切段；葱洗净，切段；红椒洗净，切段。
2. 高压锅中放入酱油、香油、味精、盐，调匀，放猪蹄皮压8分钟，盛出。
3. 油锅烧热，入红椒段、韭菜炒香，放入猪蹄皮炒2分钟，加盐、味精、酱油、葱段炒匀，盛盘。

香辣猪皮

洋葱炒肉

香干炒肉丝

🐾 原料

洋葱1个，瘦肉200克，红椒、青椒各1个。

🥄 调料

生姜适量，盐6克，味精2克，淀粉适量。

🍲 制作方法

1. 洋葱洗净切成角状，生姜去皮切成片。
2. 瘦肉洗净切成片，用淀粉、盐、味精腌渍入味。
3. 红椒、青椒洗净，切滚刀片。
4. 锅中加油烧热，下入姜片、肉片炒至变色，再下入洋葱片、红椒片、青椒片炒熟，加少许盐调味即可。

🐾 原料

香干200克，香芹150克，瘦肉50克。

🥄 调料

盐5克，味精2克，料酒10克，红椒丝少许。

🍲 制作方法

1. 香干切丝，香芹切段，瘦肉切丝。
2. 将芹菜段焯水后捞出。
3. 锅中油烧热，下入肉丝炒散后再加入香干丝，香芹段和红椒丝，炒熟后调入盐、味精、料酒炒匀即可。

小提示

洋葱炒肉
- 具有帮助消化不良、食欲不振、食积内停等症的功效。

香干炒肉丝
- 益气宽中、生津润燥、清热解毒。

韭黄肉丝

🍳 原料

猪肉200克，韭黄100克。

🍴 调料

盐、胡椒粉、味精、生抽、料酒、酱油、水淀粉、香油、红椒各适量。

🍳 制作方法

1. 猪肉洗净，切丝，加盐、胡椒粉、料酒、酱油、水淀粉腌渍上浆；韭黄洗净，切段；红椒洗净对切。
2. 油锅烧热，入肉丝滑熟，盛出。
3. 再热油锅，入红椒炒香，下韭黄段略炒，放入肉丝，调入盐、味精、生抽炒匀，淋入香油即可。

小提示

韭黄肉丝
● 具有健胃、提神、保暖之功效，对妇女产后调养和生理不适均有舒缓作用。

泡菜豆腐
● 能起到减少血液和肝中脂的效果。

泡菜豆腐

🍳 原料

五花肉150克，豆腐300克，韩国泡菜200克，生菜10克。

🍴 调料

葱末3克，盐2克。

🍳 制作方法

1. 豆腐洗净切片，抹上少许盐腌渍入味；五花肉洗净切片；生菜洗净。
2. 豆腐蒸熟备用；锅中倒油烧热，下入五花肉炒至变色，加入泡菜炒匀，加盐调味。
3. 豆腐摆放入盘旁，生菜摆放入盘中，将炒好的五花肉泡菜倒在生菜上，撒上葱末即可。

芹菜炒肉

🥘 原料

芹菜150克，瘦肉100克，红椒30克。

🍴 调料

盐5克，味精3克，酱油5克，蒜片6克，姜丝8克。

🍲 制作方法

1. 芹菜切段，瘦肉切片，红椒切小圆圈。
2. 锅中油烧热，用蒜片和姜丝炝锅，再加芹菜段和红椒圈，加盐和味精，炒熟到盛出。
3. 再将瘦肉片、酱油入锅炒，炒熟即可。

小提示

芹菜炒肉
● 有利于安定情绪、消除烦躁。

滑炒里脊丝
● 开胃健脾、辛忾添精、增食助神。

🥘 原料

猪里脊肉500克，木耳20克，榨菜丝10克。

🍴 调料

盐3克，味精2克，生抽15克，醋8克，料酒10克，葱适量。

滑炒里脊丝

🍲 制作方法

1. 里脊肉洗净，切丝，用盐、料酒腌渍后备用；木耳洗净，切丝；葱洗净，切段；榨菜丝稍微冲洗一下，去掉咸味。
2. 炒锅加植物油烧热，放入腌制好的肉丝炒至发白，再加入木耳、榨菜丝、盐、生抽、料酒、醋翻炒。加清水，煮至沸时加入味精，起锅装盘，撒上葱段即可。

猕猴桃炒肉丝

🍲 原料

猕猴桃2个，猪瘦肉200克，樱桃2个。

🍴 调料

盐4克，鸡精3克。

🥄 制作方法

1. 猕猴桃去皮，切成块；猪瘦肉洗净，切成丝。
2. 锅中加油烧热，下入猪瘦肉丝炒至变色，再加入猕猴桃块稍炒，加入盐、鸡精炒匀即可。
3. 放入2个樱桃稍做装饰。

小提示

猕猴桃炒肉丝
● 可以帮助消化、防止便秘、清除体内有害代谢物。

农家大碗豆腐
● 补益清热养生食品，常食之，可补中益气、清热润燥、生津止渴。

🍲 原料

豆腐200克，肉末50克。

🍴 调料

盐3克，尖椒、姜末、料酒、味精、辣椒油、香油各适量。

🥄 制作方法

1. 豆腐洗净，切小方块；肉末用少许盐、料酒、姜腌渍片刻；尖椒洗净，切圈。
2. 炒锅加油烧热，炒香尖椒，入肉末煸炒至熟，盛起。炒锅再入油烧热，入豆腐块炸至两面脆黄，加盐、味精、辣椒油调味，烹入适量的水煮开，加肉末，淋香油，拌匀后盛起即可。

农家大碗豆腐

脆黄瓜皮炒肉泥

🍖 原料

黄瓜皮300克，猪肉100克，红椒50克。

🍴 调料

盐3克，味精1克，醋3克，青蒜叶10克。

🥄 制作方法

1️⃣ 黄瓜皮洗净；猪肉洗净剁成肉泥；红椒洗净切圈状；青蒜叶洗净，切段。

2️⃣ 炒锅倒油烧热，下入红椒圈、青蒜段炒香，加入肉泥、黄瓜皮翻炒。

3️⃣ 调入醋焖炒，加入盐、味精略炒即可。

小提示

脆黄瓜皮炒肉泥
● 具有清热、利水、通淋、补虚强身、健脾益气、促进生长之功效。

蜀香小炒肉
● 含有丰富的优质蛋白质和必需的脂肪酸。

🍖 原料

五花肉400克，青辣椒、红辣椒各50克。

🍴 调料

盐4克，鸡精3克，酱油10克。

🥄 制作方法

1️⃣ 将五花肉洗净，切片。

2️⃣ 锅加油烧热，放入青辣椒、红辣椒炒香，加入五花肉爆炒至变色。

3️⃣ 调入盐、鸡精和酱油调味，起锅装盘即可。

蜀香小炒肉

鸡蛋韭黄肉丝

🏺 原料

鸡蛋100克，韭黄300克，猪肉200克。

🍴 调料

红椒5克，盐3克，香油少许。

🥘 制作方法

1. 韭黄洗净切段；猪肉洗净切丝；红椒洗净切条；鸡蛋打散成蛋液；煎熟备用。
2. 锅中倒油加热，下入韭黄段和猪肉丝炒熟，加红椒条和煎鸡蛋炒匀。
3. 下盐调味，临出锅时淋上香油即可。

小提示

鸡蛋韭黄肉丝
● 具有清热解毒、养血息风之功效，特别适合女性朋友食用。

肉丝香菜
● 香菜辛香，能促进胃肠蠕动，具有开胃醒脾的作用。

🏺 原料

瘦肉250克，香菜100克，红椒适量。

🍴 调料

盐3克，酱油5克，辣椒末5克，味精3克，料酒10克，姜末、葱末、蒜末各适量。

🥘 制作方法

1. 肉洗净，切成丝，加少许盐、料酒腌渍一下；香菜洗净，切段；红椒洗净，切丝。
2. 炒锅加油烧热，放入肉丝，炒至变色，加姜末、葱末、蒜末略炒。
3. 再加入红椒丝、香菜段一起快速拌炒，至快熟时加入其余各调味料调味，起锅盛盘即可。

肉丝香菜

福建炒笋片

🥘 原料

冬笋250克，猪肉200克。

🍴 调料

辣椒片少许，盐3克，味精2克，酱油5克，蚝油6克，淀粉少许。

🍲 制作方法

1. 将冬笋去壳，洗净，切成片；猪肉洗净，切片，加盐和淀粉腌渍。
2. 锅中加水，笋片焯去异味，捞出沥干。
3. 锅中加油烧热，下入猪肉片炒至变白后加入笋片、辣椒片，一起炒熟，再加盐、味精、酱油、蚝油调味即可。

小提示

福建炒笋片
● 冬笋富含维生素，保护肝细胞和防止毒素对肝细胞的损害。

森林小炒
● 西葫芦富含水分，有润泽肌肤的作用。

🥘 原料

西葫芦200克，鸡腿菇、五花肉各100克。红椒、蒜薹各50克。

森林小炒

🍴 调料

盐3克，酱油、蚝油各2克。

🍲 制作方法

1. 西葫芦洗净切片；鸡腿菇洗净切片；五花肉洗净切片；蒜薹洗净切段；红椒洗净切片。
2. 锅中倒油加热，下入五花肉片炒至变色，加入西葫芦片；鸡腿菇片和红椒片、蒜薹段炒熟。
3. 下盐、酱油和蚝油炒匀入味即可。

砂煲四季豆

🐷 **原料**

四季豆200克，猪肉50克，干辣椒段20克。

🍴 **调料**

盐4克，味精、酱油各适量。

🍳 **制作方法**

① 所有原材料洗净，四季豆切段，猪肉切片。
② 锅置火上，入四季豆段煸炒至软，然后盛起。
③ 将肉片加入锅中，翻炒至出油，入少许酱油着色，然后将炒过的四季豆段倒入锅中拌炒，加盐、味精调味，待香味散发，将干辣椒段加入，再略炒，起锅盛在砂煲中即可。

小提示

砂煲四季豆
● 含有丰富的维生素C和铁，经常食用对缺铁性贫血有益。
坛子菜炒肉末
● 补肾养血、滋阴润燥、热病伤津、消渴羸瘦。

坛子菜炒肉末

🐷 **原料**

坛子菜300克，猪肉200克。

🍴 **调料**

红辣椒、青辣椒各20克，青蒜、葱白各5克，盐2克。

🍳 **制作方法**

① 坛子菜略加冲洗，沥干切碎；猪肉洗净切碎；青辣椒洗净切片；红辣椒洗净切段；青蒜、葱白分别洗净切碎。
② 锅中倒油烧热，下青蒜碎、葱白碎炒香，再下入猪肉末炒至变色，加坛子菜炒熟。
③ 加入青辣椒、红辣椒和盐，炒匀入味即可。

小炒乳黄瓜

原料

小黄瓜350克，猪肉100克。

调料

红椒、炸酱各20克，盐3克，味精1克，淀粉适量。

制作方法

1. 小黄瓜洗净，切片；猪肉洗净，剁碎，加入盐、淀粉拌匀；红椒洗净，切圈。
2. 锅倒油烧热，下入猪肉末炒熟，加入红椒圈、黄瓜翻炒。
3. 加入炸酱、盐、味精炒至入味，装盘即可。

小提示

小炒乳黄瓜
● 具有解腻、调理肠胃、安神镇定、开胃消食之功效。

一品茄片
● 具有清热、和血之功效。

原料

茄子300克，青豆、玉米、猪肉各100克，红椒30克。

调料

葱20克，酱油3克，盐、蚝油、番茄酱各2克，淀粉5克。

制作方法

1. 茄子洗净切片；青豆、玉米分别洗净；红椒洗净切丁；猪肉、葱分别洗净切末；淀粉加水拌匀。
2. 锅中倒油烧热，下入猪肉末炒至变色，加入其余原料炒熟。
3. 倒入盐、酱油、蚝油和番茄酱调味，下水淀粉勾芡，撒上葱末即可出锅。

一品茄片

🐷 原料

滑子菇300克，猪肉350克，尖椒100克。

🍴 调料

鸡精1克，酱油5克，白糖6克，盐、料酒各3克，水淀粉适量。

🥄 制作方法

1. 滑子茹洗净；猪肉洗净切丁；尖椒洗净切小块。
2. 锅倒油烧热；倒入猪肉丁略炒，烹入料酒，放入滑子茹、尖椒块翻炒至肉变色。
3. 调入酱油、鸡精、盐、白糖入味，用水淀粉勾芡即可。

滑子菇尖椒肉丁

小提示

滑子菇尖椒肉丁
● 具有滋肾利水、通膀胱、消积滞、止消渴的功效。

老家小炒肉
● 具有补虚强身、滋阴润燥、丰肌泽肤的作用。

🐷 原料

猪肉400克。

🍴 调料

盐3克，酱油10克，青蒜、干辣椒、生姜各适量。

🥄 制作方法

1. 猪肉洗净切小片，用温水汆水；青蒜洗净，切成段；干辣椒洗净切段；姜去皮切片。
2. 炒锅内注油，用旺火烧热，加入干辣椒段、姜片爆炒，放入肉片拌炒至肉片表面呈金黄色，再放入切好的青蒜段稍微翻炒，出锅时加盐、酱油调味即可。

老家小炒肉

酸豆角肉末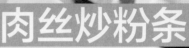

肉丝炒粉条

🍲 原料

猪肉150克，酸豆角140克，红椒1个。

🍴 调料

盐3克，味精2克，酱油、干红椒各适量。

🍳 制作方法

1. 猪肉洗净，切末；酸豆角洗净，切小段；红椒洗净，切块。
2. 油锅烧热，入肉末、酸豆角段同炒，加入红椒块，注入适量清水烧开。
3. 调入盐、酱油拌匀，收干汤汁，加味精调味即可。

🍲 原料

猪瘦肉200克，粉条300克，红椒1个。

🍴 调料

香菜、辣椒酱、淀粉、生抽、老抽、葱各适量。

🍳 制作方法

1. 猪瘦肉洗净切成丝，用生抽、淀粉、油拌匀；粉条泡发洗净；葱洗净切碎；红椒洗净切丝。
2. 锅加水烧开，倒入粉条煮至熟，过冷水冲洗，捞出沥干水分。起锅倒油烧热，下入肉炒至熟，加入老抽、粉条快速翻炒，然后倒入红椒丝、辣椒酱翻炒均匀起锅，撒上香菜即可。

小提示

酸豆角肉末
● 含B族维生素，能维持正常的消化腺分泌和胃肠道蠕动的功能。

肉丝炒粉条
● 粉条里富含碳水化合物、膳食纤维、蛋白质、烟酸和钙、镁、铁等。

葱香腰花

🍲 原料

猪腰400克，葱100克。

🍴 调料

盐3克，味精1克，醋8克，老抽10克，红椒少许。

🍳 制作方法

1. 猪腰洗净，切成凤尾花刀；葱洗净，切葱花；红椒洗净，切丁。
2. 锅内注油烧热，下腰花爆炒至快熟，调入盐、醋、老抽，再放入葱花、红椒丁一起翻炒。
3. 加入味精调味，起锅装盘即可。

小提示

葱香腰花
● 补肾气、通膀胱、消积滞、止消渴。

鹅肝酱炒牛柳
● 具有滋养脾胃、强健筋骨、化痰息风、止渴止涎的功效。

鹅肝酱炒牛柳

🍲 原料

鹅肝酱10克，牛肉200克，冬笋70克。

🍴 调料

辣椒15克，葱、盐、味精各4克。

🍳 制作方法

1. 牛肉洗净，切成条；冬笋、辣椒、葱洗净，切条。
2. 油锅烧热，入牛肉条煸炒，至肉变色时捞出；油锅留油，下冬笋条、辣椒条炒熟。
3. 加牛肉条炒匀，入葱、鹅肝酱、盐、味精调味，炒匀装盘即可。

🐷 原料

猪腰350克。

🍴 调料

盐2克，葱60克，干椒、红椒各20克，酱油适量。

🍳 制作方法

1. 将猪腰洗净，打上花刀；葱洗净，切碎；红椒洗净，切段；干椒洗净。
2. 锅中油烧热，放入葱末、干椒、红椒段爆香，再下入猪腰。
3. 最后调入盐、酱油，炒熟即可。

京都春色腰花

小提示

京都春色腰花
● 具有滋肾利水、通膀胱、消积滞、止消渴的功效。

洋葱炒猪肝
● 经常食用对高血压、高血脂和心脑血管病人有保健作用。

洋葱炒猪肝

🐷 原料

猪肝150克，洋葱100克。

🍴 调料

盐、味精各3克，酱油、香油、葱各10克，姜、辣椒各20克。

🍳 制作方法

1. 猪肝洗净，切片，加盐、味精、酱油腌15分钟；葱洗净，切段；姜、辣椒、洋葱洗净，切片。
2. 炒锅置火上，放油烧至六成熟，下入辣椒片、姜片炒香，放入猪肝片炒熟，加洋葱片炒香。
3. 下盐、味精、酱油、香油、葱段调味，翻炒均匀，出锅盛盘即可。

原料

猪腰400克，洋葱、红椒、青椒各80克。

调料

盐4克，味精2克，料酒、酱油、干辣椒节各适量。

制作方法

1. 猪腰洗净，切麦穗花刀；洋葱、红、青椒洗净，切成小块备用。
2. 油锅烧热，加入干辣椒节爆香，放入猪腰，加盐、料酒、酱油爆炒。
3. 炒至八成熟时，加入洋葱块、红青椒块，翻炒均匀，出锅前加味精炒匀，装盘即可。

火爆腰花

小提示

火爆腰花
● 青椒中含有芬芳辛辣的辣椒素，能促进食欲，帮助消化。

干煸牛肉丝
● 具有清肠利便、润肺止咳、降低血压、健脑镇静的功效。

原料

牛肉250克。

调料

盐3克，干辣椒、酱油、豆瓣酱、红椒各适量。

制作方法

1. 牛肉洗净切丝，汆水后捞起沥干水分；红椒洗净切圈；干辣椒洗净切圈。
2. 热锅上油，放入牛肉丝炒至深褐色，放入盐、干辣椒、酱油、豆瓣酱翻炒10分钟。
3. 出锅摆盘，撒上红椒圈即可。

干煸牛肉丝

家乡小炒牛肉

原料

牛肉45克，芹菜120克。

调料

辣椒15克，盐、味精各3克，红油、辣椒酱、水淀粉各10克。

制作方法

1. 牛肉洗净，切条，用盐、味精、水淀粉腌20分钟；芹菜洗净，切段；辣椒洗净切丝。
2. 油锅烧热，下牛肉条滑熟，捞出；锅内留油，下芹菜段、辣椒丝炒香。
3. 加牛肉条炒匀，入盐、味精、红油、辣椒酱调味，盛盘即可。

小提示

家乡小炒牛肉
● 具有温中益气、滋养脾胃、强健筋骨、化痰息风之功效。

酱辣椒炒猪杂
● 有补肝、明目、养血的功效。

酱辣椒炒猪杂

原料

猪心、猪肝各200克。

调料

葱10克，红尖椒、酱辣椒各30克，酱油5克，料酒3克，淀粉6克，盐、白糖、醋各适量。

制作方法

1. 猪心、猪肝洗净，切片，用酱油、料酒、淀粉拌匀；酱辣椒、红尖椒、葱洗净，切成小段。
2. 锅中红油烧至七成热，倒入猪肝片、猪心片煸炒，再入酱辣椒、红尖椒翻炒均匀。
3. 加入盐、白糖、醋、葱段至入味即可。

湘味生爆脆肠

🥘 原料

猪大肠500克。

🍴 调料

青椒丁、红椒丁、大蒜、甜面酱、海鲜酱各15克，油5克，鸡精1克。

🍳 制作方法

1. 猪大肠洗净，切小段，入余沸水烫后捞出沥干；大蒜洗净，切碎。
2. 甜面酱、海鲜酱、酱油、鸡精拌匀成酱汁。
3. 倒油烧热，倒入猪大肠段，炒熟后，捞出控油；锅留油烧热，下入蒜末、青椒丁、红椒丁煸炒，倒酱汁翻匀，猪大肠回锅炒至入味，出锅即可。

小提示

湘味生爆脆肠
● 有润燥、补虚、止渴止血之功效。

金栗年糕炒牛柳
● 具有补肾强筋、活血止血、止咳化痰等功效。

🥘 原料

板栗仁20克，年糕100克，牛柳200克。

🍴 调料

辣椒、水淀粉、酱油、番茄酱各10克，盐、味精各3克。

🍳 制作方法

1. 牛柳洗净，切成条，放盐、水淀粉、酱油腌15分钟；年糕、辣椒洗净，切条；年糕下入沸水锅中煮至回软。
2. 油锅烧热，入牛柳滑油，加年糕条、板栗仁炒熟，下辣椒炒香。
3. 入番茄酱、盐、味精调味，炒匀，盛盘即可。

金栗年糕炒牛柳

小炒带皮黄牛肉

🍖 原料

带皮黄牛肉350克。

🍴 调料

大蒜、青蒜各20克，红椒30克，盐3克，味精1克，油5克、酱油适量。

🍳 制作方法

1. 带皮黄牛肉去筋膜，洗净，切成片；蒜去皮，洗净；青蒜洗净，切段；红椒洗净，切圈。
2. 锅倒油烧热，下入黄牛肉片炒至八成熟，捞出；锅留油烧热，放入青蒜段、蒜瓣、红椒圈炒香后，黄牛肉回锅翻炒。
3. 加入酱油、盐、味精炒至入味，出锅即可。

小提示

小炒带皮黄牛肉
● 有补中益气、滋养脾胃、强健筋骨、化痰息风、止渴止涎之功效。

豉椒肥肠
● 豆豉性平，味甘微苦，有发汗解表、清热透疹、宽中除烦、宣郁解毒之效。

🍖 原料

大肠300克，青椒100克，洋葱50克，豆豉10克。

🍴 调料

盐、料酒各3克，老抽2克、干辣椒适量。

🍳 制作方法

1. 大肠洗净切段，用料酒和盐抹匀，去腥；青椒、洋葱洗净，切成块；干辣椒切块。
2. 油锅烧热，倒入干辣椒块煸炒，下入大肠段炒熟，再倒入青椒块和洋葱块炒熟。
3. 最后加入豆豉和老抽，翻炒均匀即可。

豉椒肥肠

原料

猪大肠350克，洋葱、香菜各30克，熟白芝麻20克。

调料

红椒20克，蒜10克，料酒3克，味精1克，盐3克。

制作方法

1. 猪大肠洗净，汆水后捞出，切成段；洋葱、红椒洗净切小块；香菜洗净切段；蒜洗净切片。
2. 油锅烧热，下入猪大肠段炸至香后，捞出沥油。
3. 原锅留油，下入蒜片、洋葱、红椒片爆香，再倒入猪大肠段、料酒一起翻炒至熟，加盐和味精调味，出锅前撒香菜段和白芝麻即可。

干香炒大肠

小提示

干香炒大肠
- 具有抗衰老的功效。

萝卜牛肉丝
- 促进食物消化、解除胸闷、抑制胃酸过多。

原料

牛肉300克，白萝卜100克，豆芽、泡椒各适量。

调料

盐、味精、醋、生抽、红椒各少许。

制作方法

1. 牛肉洗净，切丝；白萝卜、红椒洗净，切丝；豆芽洗净，去头；泡椒洗净。
2. 锅内注油烧热，下牛肉丝翻炒至变色，放入白萝卜丝、豆芽、红椒丝、泡椒一起翻炒。
3. 加入盐、醋、生抽，炒至食材都熟，加入味精调味即可。

萝卜牛肉丝

金果牛肉粒

🍖 原料

牛肉240克，白果80克，辣椒适量。

🍴 调料

盐、鸡精各2克，酱油、料酒、黑胡椒碎各适量。

🥄 制作方法

① 牛肉洗净焯熟，捞出晾凉后切成小块；白果上蒸锅蒸熟，去壳；辣椒洗净切块。

② 锅中注油烧至七成热，放入牛肉块翻炒，入黑胡椒碎、酱油，入白果、辣椒同炒至断生。

③ 调入盐、鸡精、料酒，起锅装盘。

小提示

金果牛肉粒
● 具有通畅血管、改善大脑功能、延缓老年人大脑衰老。

竹网小椒牛肉
● 经常食用腰果可以提高机体抗病能力。

竹网小椒牛肉

🍖 原料

牛肉300克，腰果80克，干红辣椒50克。

🍴 调料

盐3克，白芝麻15克，青椒、胡椒粉各适量。

🥄 制作方法

① 牛肉洗净，切片，加盐腌渍片刻，在其表面裹上一层胡椒粉备用；干红辣椒洗净，切段；青椒去蒂洗净，切段。

② 锅下油烧热，入牛肉片炸至熟后，捞出控油。

③ 锅留少许油，入腰果、干红辣椒、白芝麻、青椒炒香后，放入炸好的牛肉炒匀，盛入盘中的竹网内即可。

荷兰豆炒腊肉

原料

荷兰豆200克，腊肉100克。

调料

盐3克，味精2克，醋8克，生抽10克，红椒少许。

制作方法

1. 腊肉洗净，切片；荷兰豆择洗干净；红椒洗净，切片。
2. 锅内注油烧热，下腊肉片翻炒，再放入盐、醋、生抽炒入味。
3. 再加入荷兰豆、红椒片一起翻炒，加入味精调味即可。

小提示

荷兰豆炒腊肉
● 提高机体的抗病能力和康复能力。

韭香牛肉丝
● 具有降血脂、补脾胃、益气血、强筋骨、消水肿等功效。

原料

韭菜150克，牛肉250克，豆皮100克。

调料

盐、味精各3克，生抽10克。

制作方法

1. 韭菜洗净，切段；牛肉洗净，切丝入水汆一下；豆皮洗净。
2. 油锅烧热，入牛肉丝炒香，下韭菜段炒熟，加盐、味精、生抽调味。
3. 将牛肉、韭菜包入豆皮中，入油锅炸熟，捞出切块即可。

韭香牛肉丝

酸姜椒头炒牛肉

 原料

青椒、红椒各1个，酸姜50克，牛肉、洋葱各150克。

调料

盐5克，酱油20克。

制作方法

1. 牛肉、洋葱、青椒、红椒洗净切小片，酸姜切薄片。
2. 锅下油，旺火将油烧热，牛肉片下锅煸炒，七成熟时加酱油、酸姜片、洋葱片、辣椒片一起继续大火煸炒至熟，加盐调味，出锅装盘即可。

小提示

酸姜椒头炒牛肉
● 牛肉中含有的钾对心脑血管系统、泌尿系统有着防病作用；含有的镁则可提高胰岛素合成代谢的效率，有助于糖尿病的食疗。

🐷 原料

荷兰豆、腊肠各80克，西芹50克。

🍴 调料

盐、味精各1克，香油10克，红椒片
20克。

🥄 制作方法

① 西芹洗净，切段；荷兰豆去老
筋，洗净；腊肠洗净，切片。

② 油锅烧热，下腊肠片煸炒，再加
入荷兰豆、西芹段、红椒片同炒
片刻，调入盐、味精炒匀，淋入
香油即可。

荷芹炒腊肉

小提示

荷芹炒腊肉
● 具有清热抗毒、降低血压、开胃祛寒、消食、增加抵抗力之功效。

藜蒿炒腊肉
● 藜蒿气味辛香怪诞，可以刺激人的食欲，增强胃肠蠕动，帮助食物消化。

藜蒿炒腊肉

🐷 原料

藜蒿250克，腊肉400克，韭菜段50克，红
辣椒10克。

🍴 调料

姜末10克，蒜末10克，干辣椒10克，盐5
克，味精5克。

🥄 制作方法

① 藜蒿洗净切段，在沸水中过水，再在三
成热油温中过油，炸1分钟。

② 腊肉洗净切条，过水，在四成热油温中
过油，炸1分钟。

③ 锅内放5克油，放入蒜末、姜末，加入干
辣椒炒香，放入藜蒿段和红辣椒翻炒，再
放入盐、味精，翻炒1分钟；最后加入腊肉
条、韭菜段，炒1分钟出锅盛盘。

🐷 原料

牛肉300克，青豆100克。

🥄 调料

盐、味精、醋、酱油、料酒、干辣椒各适量。

🍳 制作方法

1. 牛肉洗净，切丁；干辣椒洗净，切圈；青豆洗净。
2. 锅内注油烧热，下牛肉丁炒至快熟，加入盐、醋、酱油、料酒。
3. 放入青豆、干辣椒圈一起翻炒至熟，加入味精调味即可。

青豆牛肉丁

小提示

青豆牛肉丁
● 补脾胃、益气血、强筋骨、消水肿、虚损羸瘦、消渴、脾弱不运。

翡翠牛肉粒
● 补脾胃，益气盘，强筋骨。.

🐷 原料

青豆300克，牛肉100克，
白果仁20克。

🥄 调料

盐3克。

🍳 制作方法

1. 青豆、白果仁分别洗净沥干；牛肉洗净切粒。
2. 锅中倒油烧热，下入牛肉粒炒至变色，盛出。
3. 净锅再倒油烧热，下入青豆和白果仁炒熟，倒入牛肉粒炒匀，加盐调味即可。

翡翠牛肉粒

萝卜干炒腊肉

原料

萝卜干150克，腊肉120克。

调料

大葱、辣椒各10克，盐、味精各3克，老抽10克。

制作方法

1. 腊肉洗净，切片；萝卜干泡发；大葱洗净，切段；辣椒洗净，切碎。
2. 油锅烧热，入辣椒碎炒香，放腊肉片炒一下，入萝卜干、葱段炒匀。
3. 加盐、味精、老抽调味，炒匀，装盘即可。

小提示

萝卜干炒腊肉
● 腊肉中磷、钾、钠的含量丰富，还含有脂肪、蛋白质、碳水化合物等元素。

腊味合炒
● 具有开胃祛寒、消食等功效。

腊味合炒

原料

腊肉300克，腊鸡肉200克。

调料

盐2克，味精2克，醋10克，老抽15克，青椒、红椒各适量，青蒜少许。

制作方法

1. 青椒、红椒洗净，切片；腊肉洗净，切片；腊鸡洗净，砍成小块；青蒜洗净，切段。
2. 锅内注油烧热，放入腊肉片、腊鸡块炒至吐油，再放入青椒片、红椒片、青蒜段一起翻炒。
3. 加入盐、醋、老抽、味精翻炒入味，起锅装盘即可。

山药炒腊肉

原料

山药300克，腊肉400克，辣椒50克。

调料

野山椒5克，盐2克，料酒4克，味精3克，姜片适量。

制作方法

1. 山药洗净，去皮，切长条；腊肉用水煮好，捞出，切片；辣椒洗净，切条。
2. 油锅烧热，加姜片、野山椒炒香，加入盐、料酒、山药条翻炒，再加入腊肉片、辣椒条炒匀。
3. 炒好后，加入味精炒匀，装盘即可。

小提示

山药炒腊肉
● 具有强健机体，滋肾益精的作用。

腊肉炒年糕
● 含有蛋白质、脂肪、碳水化合物。

腊肉炒年糕

原料

年糕200克，腊肉300克。

调料

盐2克，味精2克，醋10克，老抽15克，青蒜少许。

制作方法

1. 年糕洗净，切片；腊肉洗净，切片；青蒜洗净，切段。
2. 锅内注油烧热，放入腊肉片爆炒至呈金黄色，再放入年糕片、青蒜段，加入盐、醋、老抽翻炒入味。
3. 炒至汤汁收干时，加入味精调味，起锅装盘即可。

豌豆炒腊肉

🥘 原料

腊肉25克，豌豆150克。

🍴 调料

盐3克，味精2克。

🍳 制作方法

1. 腊肉洗净切粒；豌豆洗净，用开水稍焯一下。
2. 油锅烧热，入腊肉翻炒片刻，放入豌豆翻炒。
3. 加盐、味精调味，起锅装盘即可。

小提示

豌豆炒腊肉
- 豌豆味甘、性平，归脾、胃经；可益中气、止泻痢、调营养。

湘西干锅莴笋腊肉
- 对消化功能减弱、消化道中酸性降低和便秘的病人尤其有利。

湘西干锅莴笋腊肉

🥘 原料

莴笋300克，腊肉350克。

🍴 调料

青椒、红椒各20克，料酒6克，味精1克，红油10克。

🍳 制作方法

1. 腊肉洗净，切成片；莴笋去皮，洗净，切长条；青椒、红椒洗净，切成小圈。
2. 锅烧热，放入腊肉片煸出香味，下入莴笋片、青椒圈、红椒圈，用旺火翻炒至熟。
3. 加入料酒、味精，淋上红油调味，出锅即可。

黄瓜干炒腊肉

原料

黄瓜干200克，腊肉300克。

调料

红辣椒10克，盐1克，红油少许。

制作方法

1. 黄瓜干泡发，洗净；腊肉洗净切片；红辣椒洗净切碎。
2. 锅烧热，下入腊肉片煸出油，倒入黄瓜干翻炒。
3. 加盐和红辣椒碎、红油炒匀调好味，即可出锅。

小提示

黄瓜干炒腊肉
- 含有的葫芦素C具有提高人体免疫功能的作用。

金山香脆牛
- 豆芽中含有丰富的维生素C，具有抑制坏血病的作用。

金山香脆牛

原料

牛肉400克，豆芽200克，辣椒60克。

调料

盐4克，味精2克，淀粉、酱油、料酒各适量。

制作方法

1. 所有原材料洗净，牛肉切丝；豆芽掐头去尾；辣椒切条。
2. 牛肉丝用盐、料酒、淀粉、酱油腌渍；油锅烧热，放入牛肉丝翻炒好，捞出。
3. 油锅烧热，放入豆芽、辣椒条，加盐翻炒均匀，加入牛肉丝炒匀，放入味精调味，装盘即可。

干锅烧椒腊肉

🍖 原料

腊肉450克，红椒300克。

🍴 调料

大蒜20克，青蒜叶15克，盐5克，酱油10克，料酒8克。

🍳 制作方法

1. 腊肉洗净切片；红椒洗净，放在炉火上烧熟，取出再撕成大片；大蒜去皮洗净；青蒜叶洗净切碎。
2. 干锅倒油烧热，放入腊肉片煸香，加入红椒、蒜瓣、青蒜碎翻炒。
3. 调入料酒、酱油、盐炒匀即可。

小提示

干锅烧椒腊肉
● 具有开胃祛寒、消食等功效。

川味牛肉丝
● 安中益气、健脾养胃、强筋壮骨。

川味牛肉丝

🍖 原料

牛肉300克，辣椒、竹笋各适量。

🍴 调料

盐、味精、红油、白糖、料酒各适量。

🍳 制作方法

1. 牛肉洗净，氽去血水，用盐、味精腌3小时；辣椒、竹笋洗净，切丝，入水焯一下，盛盘。
2. 牛肉放在铁丝架上，入烘炉烤干，上笼蒸半小时，切丝。
3. 油锅烧热，入牛肉丝炸透，烹入料酒，加红油、白糖炒匀，盛入笋丝盘，淋香油。

金丝牛肉

🐷 原料

牛肉、土豆丝各150克。

🍴 调料

盐3克，酱油、红油、干红椒、香菜段各10克。

🍲 制作方法

1. 牛肉、干红椒均洗净，切丝；油锅烧热，下土豆丝炸至金黄色摆盘。
2. 再热油锅，下干红椒丝煸香，再入牛肉丝翻炒片刻，加入香菜段同炒。
3. 调入盐、酱油炒匀，淋入红油，起锅盛于土豆丝上即可。

小提示

金丝牛肉
- 对胃溃疡、十二脂肠溃疡、慢性胆囊炎、痔疮引起的便秘均有一定的食疗作用。

青蒜炒香肠
- 有开胃助食、增进食欲的功效。

青蒜炒香肠

🐷 原料

香肠300克，青蒜200克。

🍴 调料

盐3克，味精1克，醋少许，干辣椒适量。

🍲 制作方法

1. 青蒜洗净，切段；香肠洗净，切片；干辣椒洗净，切段。
2. 锅中注油烧热，放入香肠煸炒至变色，再放入青蒜段、干辣椒段一起炒匀。
3. 炒至熟后，加入盐、味精、醋调味，起锅装盘即可。

Part 3 | 禽蛋类

地叶菌炒鸡蛋

🦪 原料

鸡蛋3个，木耳40克，青椒、红椒各适量。

🍴 调料

盐、食用油各适量。

🍲 制作方法

1. 鸡蛋磕入碗中，加入盐，打散成鸡蛋液；木耳用温水泡发、洗净，撕成小片；青椒、红椒均洗净，切小片。
2. 锅中入食用油烧热，入青椒片、红椒片、木耳片翻炒，调入盐炒至快熟时盛出。
3. 再起热油锅，倒入鸡蛋液炒至凝固，加入炒好的木耳片、青椒片、红椒片同炒至熟，起锅盛入盘中即可。

小提示

地叶菌炒鸡蛋
- 鸡蛋中的蛋白质对肝脏组织损伤有修复作用。

鸡丝炒灵菇
- 具有补虚填精、健脾胃、活血脉、强筋骨、添精髓的功效。

🦪 原料

白灵菇300克，鸡脯肉250克。

🍴 调料

盐4克，味精2克，白糖5克，生抽10毫升，大葱50克，水淀粉、食用油各适量。

🍲 制作方法

1. 鸡脯肉洗净，切成细丝；白灵菇、大葱均洗净，也切成细丝；将盐、味精、白糖、生抽、水淀粉拌匀成味汁备用。
2. 锅内入食用油烧热，先下入鸡丝滑炒至发白，再倒入白灵菇丝、大葱丝炒匀。
3. 倒入调好的味汁，翻炒至熟即可。

鸡丝炒灵菇

🍖 原料

鸡半只，干红辣椒适量。

🍴 调料

蒜15克，姜片、葱段各10克，水淀粉、盐、料酒、老抽、生抽、花椒、食用油各适量。

🥄 制作方法

1. 将鸡洗净，斩块，以盐、生抽、料酒和少许水淀粉拌匀，腌制片刻。
2. 起锅下食用油，爆香蒜、姜片、葱段、干红辣椒和花椒，下鸡块，用大火翻炒至上色。
3. 加入老抽、生抽，继续翻炒片刻，撒在鸡块和辣椒花椒表面，入味即可。

辣子鸡

小提示

辣子鸡
● 有健脾、益气、清热解毒之效。

爆炒鸭四宝
● 有补心安神、镇静降压、理气舒肝之效。

爆炒鸭四宝

🍖 原料

鸭心、鸭肝、鸭胗、鸭脯肉各150克，蒜薹50克，青尖椒、红尖椒各15克。

🍴 调料

盐、酱油、料酒、食用油适量。

🥄 制作方法

1. 鸭心、鸭肝、鸭胗、鸭脯肉分别洗净，切成片；蒜薹洗净，切段；青尖椒、红尖椒均洗净，切碎。
2. 锅内入食用油烧热，下入切好的鸭四宝爆炒至发白，烹入料酒，再下入青尖椒碎、红尖椒碎、蒜薹段一起翻炒至熟，最后加盐、酱油、料酒调味即可。

原料

鸡脆骨250克，花生仁30克，青尖椒、红尖椒各10克。

调料

干红辣椒10克，盐5克，味精3克，食用油适量。

制作方法

1. 鸡脆骨洗净，切成小块；青尖椒、红尖椒和干红辣椒一起洗净，切圈。
2. 花生仁洗净备用。
3. 锅内入食用油烧热，下入鸡脆骨块炸香、炸熟，然后捞出沥油。
4. 锅内留底油烧热，下入花生仁、青尖椒圈、红尖椒圈和干红辣椒圈一起爆香，再倒入鸡脆骨块一起炒匀，最后加盐和味精调味即可。

动感鸡脆骨

小提示

动感鸡脆骨
● 有温中益气、补虚填精、益心血管的功效。

野山椒炒鸭肠
● 富含蛋白质、B族维生素、维生素C、维生素A和钙、铁等微量元素。

野山椒炒鸭肠

原料

鸭肠200克，芹菜100克，野山椒150克。

调料

盐、食用油、辣椒粉、胡椒粉、酱油、料酒各适量。

制作方法

1. 鸭肠洗净，切成段；芹菜择洗干净，也切成段。
2. 锅内入食用油烧至六成热，下入鸭肠段爆炒至卷起，烹入料酒，再加辣椒粉、酱油炒至上色，然后下入芹菜段、野山椒炒至熟，最后加盐、胡椒粉调味即可。

旺仔鸡脆骨

原料

鸡脆骨500克，鸡蛋1个，青尖椒、红尖椒各15克。

调料

干红辣椒、盐、干淀粉、酱油、熟白芝麻、食用油各适量。

制作方法

1. 将鸡脆骨洗净，切成小粒；干红辣椒洗净，剪成小段；青尖椒、红尖椒均洗净，切块。

2. 将鸡蛋打散，加干淀粉拌匀成淀粉糊，然后将鸡脆骨均匀粘裹上淀粉糊，下入烧至六成热的食用油锅中炸至金黄色，捞出沥油。锅中留底油烧热，下入干红辣椒段、青尖椒块、红尖椒块炒香，倒入鸡脆骨，再加盐、酱油炒至入味，出锅后撒上熟白芝麻即可。

小提示

旺仔鸡脆骨
● 具有养颜护肤、强筋骨、添精髓的功效。

木耳炒鸡蛋
● 具有益气强身、滋肾养胃、活血等功能。

原料

木耳1朵，鸡蛋4个。

调料

盐10克，糖、味精各5克，食用油适量。

制作方法

1. 木耳洗净，去蒂，泡发待用；鸡蛋打散，搅成鸡蛋液待用。

2. 锅内入食用油烧热，下木耳炒香，加入鸡蛋液滑炒，加糖、味精、盐调味即可出锅。

木耳炒鸡蛋

滑蛋虾仁

 原料

鲜虾仁250克，鸡蛋4个。

调料

葱花10克，淀粉3克，小苏打1克，香油1毫升，盐、味精、胡椒粉、食用油各适量。

制作方法

1. 鲜虾仁洗净，沥干水分；鸡蛋磕开，分出1个鸡蛋的蛋清，加味精、盐、淀粉、小苏打一并放在碗中搅成糊状，再加入鲜虾仁搅匀，放入冰箱腌2小时取出。

2. 将余下的鸡蛋清加盐、味精、香油、胡椒粉搅拌成蛋浆；以中火烧热炒锅，下食用油烧至微沸，放入腌好的虾仁泡油约30秒，捞起，倒入蛋浆拌成鸡蛋料。

3. 余油倒出，炒锅放回炉上，下食用油，倒入鸡蛋料、葱花，边炒边加油，炒至刚凝结便可上碟。

小提示

滑蛋虾仁
● 能很好地保护心血管系统，它可减少血液中胆固醇含量，防止动脉硬化，同时还能扩张冠状动脉，有利于预防高血压及心肌梗死。

原料

鲜鸽肚400克，青椒、红椒各适量。

调料

盐、料酒、食用油、香油、辣椒油各适量。

制作方法

1. 鲜鸽肚洗净，切片，加盐、料酒腌制；青椒、红椒均洗净，切条。
2. 锅置火上，入食用油烧热，放入鸽肚片稍炒后，加入青椒条、红椒条翻炒均匀。
3. 调入辣椒油、香油炒匀即可。

青椒鸽肚

小提示

青椒鸽肚
● 具有增强皮肤弹性，改善血液循环，面色红润等功效。

双菇滑鸡柳
● 具有补脾、调经、润肺化痰、利尿消肿、补血益气之功效。

双菇滑鸡柳

原料

滑子菇、草菇、油菜各200克，鸡脯肉300克。

调料

辣椒块15克，水淀粉6克，酱油5克，白糖3克，味精1克，盐3克。

制作方法

1. 鸡脯肉洗净，切条；滑子菇、草菇去蒂洗净；油菜洗净，对半切开，焯水捞出洗盘。
2. 将水淀粉、酱油、白糖、味精、盐兑成味汁。
3. 锅倒油烧热，放入鸡柳滑散取出；锅留底油，放滑子菇、草菇、鸡柳回锅，加入辣椒炒熟，烹入味汁炒匀，浇到油菜中间即可。

剁椒炒鸡蛋

原料

鸡蛋3个，剁辣椒25克。

调料

盐2克，葱7克，糖、食用油各适量。

制作方法

① 鸡蛋打散，加入盐搅拌均匀；葱洗净，切碎。

② 锅内入食用油烧热，下入鸡蛋液炒至凝固，盛出备用。锅内再入食用油烧热，下入剁辣椒以小火炒至出辣椒油，再倒入鸡蛋、葱碎一起翻炒均匀，最后加入糖炒匀，出锅即可。

小提示

剁椒炒鸡蛋
● 含有角鲨烯与黄酮类物质，对抗癌、抗炎有作用。

西红柿炒鸡蛋
● 降低血压，对经常发生牙龈出血或皮下出血的患者，吃西红柿有助于改善症状。

西红柿炒鸡蛋

原料

西红柿2个，鸡蛋2个。

调料

水淀粉5克，白糖10克，盐适量。

制作方法

① 西红柿洗净，去蒂，切成块，鸡蛋打入碗内，加少许盐，搅匀。

② 炒锅放油，将鸡蛋倒入炒成散块，盛出。

③ 炒锅中再放些油，油烧热后放入西红柿翻炒几下，再放入炒好的鸡蛋搅炒均匀，加入白糖、盐，再翻炒几下，用水淀粉勾芡即成。

鸡蛋菠菜炒粉丝

🍲 原料

鸡蛋2个，菠菜100克，粉丝100克。

🍴 调料

盐3克，酱油10克。

🥄 制作方法

1. 鸡蛋打散，煎成蛋饼备用；菠菜洗净，切段；粉丝泡发洗净后，捞起晾干备用。
2. 锅中注油烧热，放入菠菜段、粉丝一起稍翻炒，再倒入蛋饼一起炒匀。
3. 炒至熟后，加入盐、酱油调味，起锅装盘即可。

小提示

鸡蛋菠菜炒粉丝
● 具有补血止血、止渴润肠、补中益气、养阴健体、助消化之功效。

西芹鸡柳
● 有利于安定情绪，消除烦躁。

🍲 原料

西芹、鸡脯肉各300克，胡萝卜1个。

🍴 调料

料酒5克，水淀粉、香油、胡椒粉、姜片、蒜片各适量。

🥄 制作方法

1. 料酒5克，水淀粉、香油、胡椒粉、姜片、蒜片各适量。
2. 西芹去筋，切菱形片，用油、盐略炒，盛出；胡萝卜切片。
3. 锅烧热，下油爆香姜片、蒜片、胡萝卜片，加入鸡肉条、料酒、香油、胡椒粉，放入西芹，用水淀粉勾芡，炒匀即可。

西芹鸡柳

蛋黄南瓜

原料

熟蛋黄80克，南瓜150克。

调料

淀粉15克，盐3克，味精1克。

制作方法

1. 将蒸熟的蛋黄用勺刮出蛋黄蓉，待用。
2. 南瓜去皮，切成条，用少许盐腌渍2分钟，拍上淀粉，下入五成热的油中炸熟后捞起。
3. 锅中留少许油，放入蛋黄蓉；快速翻炒，再下入味精、盐，将炸好的南瓜倒入锅中轻翻，出锅装盘即可。

小提示

蛋黄南瓜
● 促进胆汁分泌，免受粗糙食品刺激，加强胃肠蠕动，帮助食物消化。

金沙玉米
● 具有利尿降压、止血止泻、助消化的作用

原料

鲜玉米粒100克，咸蛋黄2个。

调料

盐2克，味精1克，豆粉50克，淀粉50克。

制作方法

1. 将鲜玉米粒洗净，吸干水分后拌上豆粉和淀粉备用。
2. 锅上火，倒入油烧至五成热，放入玉米粒，炸至金黄色捞出。
3. 锅内留少许油，放入咸蛋黄翻炒，放入炸好的玉米粒，加入少许盐、味精炒匀即可。

金沙玉米

虎皮籽姜鸡

 原料

鸡脯肉300克，胡萝卜150克，青椒100克。

调料

食用油、盐、味精、料酒、老抽、番茄酱、辣椒油、泡红椒、野山椒、姜、葱、香菜叶、车厘子各适量。

制作方法

1. 鸡脯肉洗净，切片，加盐腌制；胡萝卜、姜均去皮，洗净，切片；葱洗净，切段；青椒洗净，切长段；车厘子一剖为二。
2. 锅置火上，放入青椒段煸炒，并用锅铲按压青椒段，待青椒变蔫、表面发白并有焦糊点时，倒入适量食用油翻炒，调入盐、老抽炒匀，起锅摆入盘边。
3. 锅内入食用油烧热，入鸡脯肉片过油后盛出。
4. 锅内留底油烧热，入姜片炒出香味，加入胡萝卜片、泡红椒、野山椒炒片刻，调入盐、料酒、辣椒油、番茄酱炒匀，倒入鸡脯肉片翻炒至熟，入葱段稍炒，以味精调味后，起锅盛入摆有虎皮青椒的盘中，再以香菜叶、车厘子饰边即可。

小提示

虎皮籽姜鸡
● 降低血脂，促进肾上腺素的合成，还有降压、强心作用，是高血压、冠心病患者的食疗佳品。

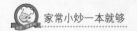

巴蜀飘香鸡

🐷 原料

鸡脯肉300克，土豆200克。

🍴 调料

盐3克，酱油少许，红椒块、青椒块各20克，孜然、白芝麻、干椒各10克。

🍲 制作方法

1. 鸡脯肉洗净切小块；土豆洗净，去皮切块；孜然、白芝麻分别洗净沥干。
2. 锅中倒油烧热，下入土豆块炒至表皮略焦，再倒入鸡块炒熟，加盐和酱油调味。
3. 倒入青椒块、红椒块、干椒炒入味，最后加入孜然和白芝麻炒匀即可。

小提示

巴蜀飘香鸡
● 防止便秘，预防肠道疾病的发生。

农家尖椒鸡
● 有强壮、利尿、止泻的功效。

农家尖椒鸡

🐷 原料

鸡腿肉350克，豌豆300克。

🍴 调料

泡椒、尖椒各20克，水淀粉10克，盐、生抽各3克，米醋5克，味精1克。

🍲 制作方法

1. 鸡腿剔除骨头，洗净，切成块；尖椒洗净，切成圈；豌豆洗净。
2. 锅倒油烧热，放入鸡肉块炸至表面稍有焦黄，加入豌豆、泡椒、尖椒圈翻炒至断生，调入生抽，翻炒均匀。
3. 加适量水烧至汁水将干，加入米醋、味精、盐翻匀，以水淀粉勾芡出锅即可。

🐷 原料

芒果150克，芹菜梗80克，芦笋、红椒各50克，鸡肉200克。

🍴 调料

盐3克，鸡精1克。

🥄 制作方法

1 芒果洗净，去皮切条；芹菜梗、芦笋、红椒分别洗净切条；鸡肉洗净切成鸡柳。

2 锅中倒油加热，下入鸡柳炒至变色，再倒入剩余原料一同炒熟。

3 加入适量盐和鸡精炒入味，即可出锅装盘。

鲜芒炒鸡柳

小提示

鲜芒炒鸡柳
● 具有祛痰止咳、养阴补虚、降低胆固醇之功效。

神仙馋嘴鸡
● 具有补气血、调阴阳、养阴清热、调经健脾，补肾固精之功效。

神仙馋嘴鸡

🐷 原料

鸡脯肉300克，松仁200克，花生米50克。

🍴 调料

青辣椒、红辣椒各20克，盐2克，酱油3克。

🥄 制作方法

1 鸡脯肉洗净切丁，用少许盐、酱油抹匀腌渍；青辣椒、红辣椒分别洗净切碎；松仁、花生米分别洗净。

2 锅中倒油加热，下入鸡脯肉丁炸熟，倒入青辣椒碎、红辣椒碎炒入味。

3 再倒入松仁和花生米炒熟，加盐调味后出锅即可。

原料

鸡肉400克，干辣椒30克。

调料

盐3克，味精1克，酱油10克，料酒12克，大蒜少许。

制作方法

1. 鸡肉洗净，切块；干辣椒洗净，切圈；大蒜洗净，切片。
2. 锅内注油烧热，下干辣椒炒香，放入鸡块翻炒至变色，加入蒜片炒匀。
3. 加入盐、酱油、料酒炒至热后，加入味精调味，起锅装盘即可。

糊辣子鸡

小提示

糊辣子鸡
- 有增强体力、强壮身体的作用。

辣子鸡丁
- 可缓解由于肾精不足所导致的小便频繁、精少精冷等症状。

辣子鸡丁

原料

鸡肉300克。

调料

干红辣椒段、酱油、料酒、盐、水淀粉、葱段、大蒜、鸡蛋清、香油各适量。

制作方法

1. 鸡肉洗净，切丁，加酱油、盐、蛋清、水淀粉抓匀上浆；大蒜去皮洗净。
2. 用盐、酱油、料酒调成味汁待用。
3. 油锅烧热，入蒜瓣、葱段、干红椒炝锅，下鸡丁滑透，倒入味汁翻炒，淋入香油，装盘即可。

原料

鸡脆骨350克，莲藕150克，熟芝麻少许。

调料

红辣椒50克，盐5克，水淀粉8克，香油6克，葱段20克。

制作方法

1. 莲藕去皮，洗净，切丁；鸡脆骨洗净，入油锅中炸至金黄。
2. 红辣椒洗净，切粒。
3. 油锅烧热，炒香红辣椒粒，放入脆骨、藕丁，加入盐、葱段翻炒，再用水淀粉勾芡，撒上熟芝麻，淋入香油即成。

藕丁鸡脆骨

小提示

藕丁鸡脆骨
- 莲藕含有铁、钙等微量元素，能够滋补气血，具有改善缺铁性贫血的作用。

双菇鸡粒烧茄子
- 具有清热和血、益气滋阴、消肿止痛、补肾益精、清神降压、消食化痰之功效。

原料

茄子250克，鸡肉300克，滑子菇、草菇各100克。

调料

青椒条、红椒条各20克，淀粉10克，盐3克，酱油5克，醋适量。

制作方法

1. 茄子洗净，切成段；鸡肉洗净，切小粒，加入淀粉拌匀，淹渍；滑子菇、草菇洗净。
2. 锅倒油烧热，放入茄子段、醋，炒熟捞出；另起油锅烧热，放入鸡肉粒炒至半熟，茄子段回锅，加入滑子菇、草菇、辣椒条翻炒。待熟后，加入盐、酱油、温水焖烧，即可装盘。

双菇鸡粒烧茄子

竹筒椒香鸡

原料

鸡脯肉350克，熟白芝麻20克。

调料

青椒片、红椒片、面粉、面包粉、料酒、盐、春椒粉、椒盐、蛋液各适量。

制作方法

① 鸡脯肉洗净，切成小块，加入盐、料酒、胡椒粉腌渍。

② 将鸡肉裹上面粉、蛋液、面包粉；锅倒油烧热，放入鸡块炸至金黄，捞出。

③ 锅留油烧热，放入鸡块回锅，加入青椒片、红椒片炒熟，撒上芝麻、椒盐拌匀，出锅装入竹筒中即可。

小提示

竹筒椒香鸡
● 有温中益气、补虚填精、健脾胃、活血脉、强筋骨、添精髓的功效。

芽菜碎米鸡
● 具有益气养血、补肾益精、增鲜提味之功效。

原料

芽菜200克，鸡脯肉300克。

芽菜碎米鸡

调料

青椒块、红椒段各2克，淀粉10克，盐、白糖、鸡精、料酒、香油各适量。

制作方法

① 芽菜洗净，切碎；鸡脯肉洗净，剁成粒，加盐、料酒、淀粉入味。

② 将盐、白糖、鸡精、淀粉加水调成味汁，待用。

③ 锅倒油烧至四成熟，放入鸡粒滑散，滗去余油后，下入芽菜、青椒段、红椒段炒香，倒入味汁，收汁亮油，淋入香油推匀，起锅即可。

原料

鸡掌肉200克，莴笋300克，红椒50克。

调料

盐3克，味精5克，胡椒粉2克，香油、葱花各少许。

制作方法

① 鸡掌肉洗净，蒸熟。

② 莴笋、红椒改切为片。

③ 锅内放油烧熟，将鸡掌肉、莴笋片、红椒片倒入锅内过油；锅内留少许油，放入所有调味料和原材料翻炒匀即可。

碧绿掌中宝

小提示

碧绿掌中宝
● 对高血压、水肿、心脏病人有一定的食疗作用。

小炒鸡胗
● 对食积胀满、呕吐反胃、泻痢有食疗作用。

小炒鸡胗

原料

鸡胗350克。

调料

葱、红椒、青椒各20克，干辣椒15克，料酒5克，盐3克，生抽6克。

制作方法

① 鸡胗洗净，切成片，用料酒、盐腌渍；青椒、红椒、干辣椒、葱洗净，切段。

② 锅中油烧热，倒入干辣椒、鸡胗片炒至发白，加入生抽、料酒翻炒。

③ 锅留油烧热，放入青椒段、红椒段炒香，鸡胗片回锅翻炒，加入葱段，撒入盐炒匀，出锅即可。

菠菜炒鸡蛋

炒鸡翅

菠菜炒鸡蛋

原料

菠菜150克，鸡蛋2个。

调料

盐3克。

制作方法

1. 菠菜择去老叶，切去根部，洗净切段；鸡蛋打入碗中，加少许盐搅匀。
2. 锅中加油烧热，下入鸡蛋液炒至凝固，盛出；原锅烧热，下入菠菜段炒熟，加盐调味，倒入炒好的鸡蛋翻炒均匀即可。

炒鸡翅

原料

鸡翅400克。

调料

洋葱、红椒、青椒各10克，辣椒酱4克，盐2克。

制作方法

1. 鸡翅洗净，剁成块，用刀在表面划几道，抹上盐腌至入味；洋葱、红椒、青椒分别洗净切块。
2. 锅中倒油加热，下入洋葱块、红椒块、青椒块炒香，再下入鸡翅块翻炒。
3. 倒入辣椒酱炒匀入味，加适量水炖煮至熟，待水分爆干即可出锅

小提示

菠菜炒鸡蛋
● 具有促进肠道蠕动的作用。

炒鸡翅
● 可缓解由于肾精不足所导致的小便频繁、精少精冷等症状。

口味鸡杂

🐷 原料

鸡心、鸡肝、鸡肠、芹菜各100克。

🍴 调料

盐2克，酱油、辣椒油各3克。

🥄 制作方法

1. 鸡心、鸡肝、鸡肠分别洗净，切成小块；芹菜洗净切段。
2. 锅中倒油烧热，下入鸡杂炒熟，加芹菜段炒熟。
3. 加盐和酱油、辣椒油调好味即可。

小提示

口味鸡杂
● 鸡心有滋补心脏、镇静神经之功效。

鸡胗三圆
● 消食导滞，帮助消化。

鸡胗三圆

🐷 原料

鸡胗200克，肉丸、鱼丸各150克。

🍴 调料

青椒、红椒各10克，酱油、盐各2克，番茄酱3克。

🥄 制作方法

1. 鸡胗洗净切片；肉丸、鱼丸分别洗净；青椒、红椒分别洗净，切条。
2. 锅中倒油烧热，下入肉丸和鱼丸炒匀，再下鸡胗片翻炒至熟。
3. 下青椒条和红椒条炒匀，再下盐、酱油和番茄酱调好味即可。

原料

鸡蛋4个，香葱80克。

调料

酱油15克，盐3克。

制作方法

1. 鸡蛋入碗中打散；葱洗净，切段。
2. 油锅烧热，下入鸡蛋液拌炒片刻，再放入葱段同炒2分钟。
3. 调入盐和酱油炒匀即可。

香葱炒鸡蛋

小提示

香葱炒鸡蛋
● 能够起到健脾开胃的功效，增加人的食欲。

槐花炒蛋
● 具有凉血止血、清肝泻火的功效。

槐花炒蛋

原料

槐花30克，鸡蛋3个。

调料

红辣椒、葱末、食盐、调和油各适量。

制作方法

1. 槐花去掉小梗，用水清洗。
2. 捞出沥净水分。
3. 加入鸡蛋。
4. 加入适量盐，拌匀。
5. 红辣椒洗净，切小圆圈。
6. 平底锅放少许油烧热，加入红辣椒圈进行煸炒，倒入槐花蛋液。
7. 底部略成后，用铲子滑散。
8. 炒至蛋液凝固，关火加葱末调味。

擂椒鸡蛋

原料

鸡蛋350克，青尖椒、红尖椒各100克。

调料

盐3克。

制作方法

1. 鸡蛋磕破，倒入碗中，加盐搅拌均匀；青尖椒、红尖椒去籽，洗净，对半剖开。
2. 锅倒油烧热，倒入蛋液，炒熟后盛出；另起锅倒油烧热，放入青尖椒、红尖椒迅速翻炒2分钟。加盐调味。
3. 鸡蛋回锅翻炒均匀即可。

小提示

擂椒鸡蛋
● 鸡蛋中含有较多的维生素B和其他微量元素。

尖椒肉碎炒鸡蛋
● 增加食欲，促进肠道蠕动，帮助消化。

尖椒肉碎炒鸡蛋

原料

尖椒、猪肉各100克，鸡蛋200克。

调料

淀粉6克，酱油、盐、料酒各3克。

制作方法

1. 尖椒去籽洗净，切块；鸡蛋磕开，加盐搅打均匀；猪肉洗净，剁碎，用盐、淀粉、酱油、料酒拌匀。
2. 锅倒油烧热，倒入鸡蛋炒熟装盘；另起锅倒油烧热，倒入尖椒、肉末翻炒，鸡蛋回锅略微翻炒。
3. 加入盐炒至入味即可。

红肠炒鸡蛋

🍲 原料

青椒、红肠各80克，鸡蛋2个。

🍴 调料

盐、胡椒粉、生抽、食用油各适量。

🥄 制作方法

① 青椒洗净切圈；红肠洗净切片；鸡蛋打散，加盐、胡椒粉搅匀。

② 油锅烧热，放入青椒圈、红肠片爆炒，拨至锅边，在空出来的地方再倒油，放鸡蛋液稍煎，炒碎，拌入青椒、红肠炒片刻，调入生抽即可。

小提示

红肠炒鸡蛋
● 可以养胃健胃、提高免疫力。

酱爆鸭舌
● 鸭舌具有养胃、滋阴、补血、生津等功效

酱爆鸭舌

🍲 原料

鸭舌350克。

🍴 调料

红尖椒、青尖椒各30克，甜面酱10克，味精1克。

🥄 制作方法

① 青尖椒、红尖椒洗净，切成小段；鸭舌刮洗干净。

② 锅倒油烧至六成热，放鸭舌，滑炒2分钟取出。

③ 锅倒油烧热，放入甜面酱煸炒出香味，再放入鸭舌、青尖椒段、红尖椒段爆炒3分钟，加入味精炒至入味即可。

泡椒鸡胗

🍲 原料

莴笋、鸡胗各300克。

🍴 调料

泡椒、泡菜各10克，盐2克。

🥘 制作方法

1. 莴笋洗净，去皮切块；鸡胗洗净切小片；泡椒切段；泡菜切碎。
2. 锅中倒油烧热，下入莴笋片和鸡胗片炒熟，加入泡椒段、泡菜碎炒匀。
3. 加盐炒至入味即可。

小提示

泡椒鸡胗
● 具有调节神经系统功能的作用。

XO爆鸭掌
● 鸭肉性味甘、咸、平，微寒，可滋阴补血、益气利水消肿。

XO爆鸭掌

🍲 原料

鸭掌300克。

🍴 调料

XO酱3克，青椒、红椒各20克，干椒10克，酱油3克，红油5克，豆豉15克。

🥘 制作方法

1. 鸭掌洗净，斩成大块切去趾甲；青椒、红椒、干椒分别洗净切段。
2. 油锅烧热，下入鸭掌炒熟，加入豆豉、红椒段、青椒段和干椒段翻炒。
3. 加入XO酱、酱油和红油，炒至入味即可。

双椒鹅胗

🐷 原料

鹅胗200克，锅巴100克，青椒、红椒各适量。

🍴 调料

盐3克，醋8克，酱油10克。

🍳 制作方法

1. 鹅胗洗净，切丝；青椒、红椒洗净，切丝；锅巴折成小块。
2. 锅内注油烧热，下鹅胗丝翻炒至变色，加入锅巴与青椒丝、红椒丝炒匀。

小提示

双椒鹅胗
● 具有降低血脂、软化血管、延缓衰老、防止血管疾病发生的功效。

鸡丝炒蜇皮
● 具有清热化痰、消积化滞、润肠通便之功效。

🐷 原料

鸡肉300克，海蜇皮100克。

🍴 调料

红椒10克，盐3克，味精2克，红油5克，香菜10克。

🍳 制作方法

1. 鸡肉、海蜇皮均洗净，切成丝；香菜洗净，切段；红椒洗净，切丝。
2. 锅中加油烧热，下入海蜇皮丝、鸡丝滑熟。
3. 再加入香菜段、红椒丝及其他调味料一起翻炒入味即可。

鸡丝炒蜇皮

葱爆鸭心

🥘 原料

鸭心250克，大葱100克。

🍴 调料

盐3克，味精1克，酱油3克，料酒2克。

🥄 制作方法

1. 鸭心洗净切成薄片；大葱洗净斜切成薄片。
2. 炒锅倒油烧热，放入鸭心、大葱快炒。
3. 将盐、味精、料酒、酱油调成汁，倒入锅内翻炒几下即可。

小提示

葱爆鸭心
- 能补肾也能润肠。

巴蜀鸭舌
- 鸭舌蛋白质含量较高，易消化吸收，有增强体力、强壮身体的功效。

🥘 原料

鸭舌300克，皮蛋100克。

🍴 调料

盐、味精各3克，干辣椒、酱油、青椒、红椒、葱、红油各10克。

🥄 制作方法

1. 鸭舌洗净，放盐、味精、干辣椒、酱油腌30分钟；青椒、红椒、葱洗净，切段；皮蛋洗净，去壳，切小瓣。
2. 炒锅上火，放油，烧至六成热，下入鸭舌，大火炒香，再下入青椒、红椒、葱炒至香气浓郁。
3. 放入盐、味精、酱油调味，炒匀装盘，在旁边摆上皮蛋，淋上红油即可。

巴蜀鸭舌

原料

鸭舌250克，葱30克。

调料

盐3克，味精1克，淀粉10克。

制作方法

1 鸭舌洗净切成条状，用水和淀粉拌匀；葱洗净切成丝。

2 锅倒油烧热，放入鸭舌炸至金黄捞出。

3 另起锅倒油烧热，放入葱丝炒香，鸭舌回锅爆炒，调入盐和味精即可。

葱爆鸭舌

小提示

葱爆鸭舌
● 蛋白质含量较高，易消化吸收，有增强体力、强壮身体的功效。

双椒爆鸭丝
● 具有增进食欲、促进胃肠道消化、散寒燥湿、发汗、促进新陈代谢的功效。

双椒爆鸭丝

原料

鸭肉350克，青椒、红椒各100克。

调料

盐3克，料酒5克，胡椒粉2克，鸡精1克。

制作方法

1 鸭肉洗净，切成丝，加入盐、料酒、胡椒粉抓匀，腌渍15分钟；青椒、红椒洗净，切成丝。

2 炒锅倒油烧至五成热，加入鸭丝滑熟变色后，加入青椒丝、红椒丝炒至断生。

3 加入盐调味，炒匀以后放入鸡精，出锅即可。

🥘 原料

板鸭500克，泡椒适量，尖椒少许。

🍴 调料

盐3克，味精2克，醋8克，酱油15克。

🥄 制作方法

1. 板鸭洗净，切块；泡椒洗净；尖椒洗净，切片。
2. 锅内注油烧热，放入鸭块翻炒至干香吐油时，加入泡椒、尖椒炒匀。
3. 再加入盐、醋、酱油翻炒至熟，加入味精调味，起锅装盘即可。

尖椒爆鸭

小提示

尖椒爆鸭
● 具有补血行水、养胃生津、清热健脾之功效。

脆炒鸭肚
● 有大补虚劳、滋五脏之阴等功效。

🥘 原料

莴笋、黄瓜、胡萝卜各60克，鸭肚150克。

🍴 调料

盐、味精各4克，酱油10克。

🥄 制作方法

1. 莴笋去皮，切片，焯水；黄瓜洗净，切片，焯水；胡萝卜洗净，切丝；鸭肚洗净，切丝。
2. 油锅烧热，下鸭肚丝爆香，加胡萝卜丝、盐、味精炒匀。
3. 将莴笋片、黄瓜片摆在盘中，倒入鸭肚丝、胡萝卜丝即可。

脆炒鸭肚

葱花鸭蛋

🥚 原料

鸭蛋2个，葱花少许。

🍴 调料

盐2克，鸡粉、水淀粉、食用油各适量。

🍲 制作方法

① 将鸭蛋加盐、鸡粉、水淀粉，打散搅匀。
② 再往碗中放入葱花，拌匀，制面蛋液。
③ 锅中注入适量的食用油，大火烧热油锅。
④ 倒入蛋液炒匀，炒至熟透。
⑤ 再稍翻炒，盛入盘中即可。

小提示

葱花鸭蛋
● 能刺激消化器官，增进食欲，使营养易于消化吸收。
黄瓜炒鸡蛋
● 黄瓜中的黄瓜酶，有很强的生物活性，能有效地促进机体的新陈代谢。

🥚 原料

黄瓜300克，鸡蛋110克。

🍴 调料

色拉油、葱花、食盐各适量。

🍲 制作方法

① 鸡蛋打散。
② 黄瓜去皮，切片。
③ 锅内热油。
④ 爆香葱花。
⑤ 倒入蛋液。
⑥ 快速将鸡蛋滑散
⑦ 倒入黄瓜片。
⑧ 翻炒均后，调盐，出锅。

黄瓜炒鸡蛋

原料

鸡肉400克，蒜薹40克。

调料

盐3克，味精1克，酱油15克，红椒少许。

制作方法

1. 鸡肉洗净，切条；蒜薹洗净，切小段；红椒洗净，切圈。
2. 鸡肉洗净，切条；蒜薹洗净，切小段；红椒洗净，切圈。
3. 炒至熟，加入盐、味精、酱油拌匀，起锅装盘即可。

浏阳河小炒鸡

小提示

浏阳河小炒鸡
● 有增强体力、强壮身体的作用。

姬菇炒鸡柳
● 具有追风散寒、舒筋活络的功效。

原料

姬菇300克，鸡肉200克。

调料

彩椒20克，葱末、蒜末各5克，盐2克，酱油3克。

制作方法

1. 姬菇洗净切片；鸡肉洗净切成条；彩椒洗净切条。
2. 锅中倒油烧热，下入葱末和蒜末炸香，倒入姬菇片和鸡柳、彩椒条炒熟。
3. 下盐和酱油调好味即可。

姬菇炒鸡柳

宫爆鸡丁

🍖 原料

鸡脯肉300克，炸熟花生米100克。

🍴 调料

豆瓣酱15克，水淀粉6克，醋、干红辣椒各5克，盐、料酒、白糖、酱油各3克。

🍳 制作方法

① 鸡脯肉切丁，加盐、水淀粉拌匀；干红辣椒洗净切碎。

② 炒锅倒油烧热，倒入干红辣椒碎爆香，放入鸡丁炒散，加入豆瓣酱炒红，烹入料酒略炒。

③ 白糖、醋、酱油、水淀粉调成芡汁倒入锅，放入花生米炒匀即可。

小提示

宫爆鸡丁
● 延缓脑功能衰退，滋润皮肤，降低胆固醇。

杭椒炒鹅肠
● 鹅肠具有益气补虚、温中散血、行气解毒的功效。

杭椒炒鹅肠

🍖 原料

鹅肠260克，红辣椒、青椒各90克。

🍴 调料

醋、精盐、味精、胡椒粉、植物油各适量。

🍳 制作方法

① 鹅肠加醋用力搓洗，以清水洗净后切段，入沸水锅中余烫，捞出后沥干水分，备用，将红辣椒、青椒洗净，去籽，切段备用。

② 在锅中加适量植物油烧热，先将红辣椒放入爆香，再放入青椒、鹅肠翻炒均匀，加精盐、味精，炒匀后撒上胡椒粉调味即可。

胡萝卜炒鸡蛋

🥘 原料

胡萝卜2个，鸡蛋3个。

🍴 调料

麻油、盐、葱、胡椒粉、料酒各适量。

🥢 制作方法

1. 首先将胡萝卜切丝、葱叶切成葱花。将鸡蛋打入碗中，加入一勺盐，撒少许胡椒粉，加入几滴麻油、适量料酒，搅打至蛋液蓬松。
2. 锅中倒入油，烧热，将胡萝卜下锅，加入小半勺盐，翻炒至胡萝卜变软，将蛋液倒入锅中。翻炒成蛋花状，接着加入葱花，均匀翻炒即可。

小提示

胡萝卜炒鸡蛋
● 具有降低胆固醇、养心安神、补血、滋阴润燥、增进消化之功效。

青椒炒鸡蛋
● 青椒中含有芬芳辛辣的辣椒素，能促进食欲，帮助消化。

🥘 原料

青椒100克，鸡蛋2个。

🍴 调料

盐、调和油各适量。

🥢 制作方法

1. 青椒洗净，切丝。
2. 鸡蛋放入一点盐，拌匀。
3. 锅内热油，倒入鸡蛋，炒好，装出来备用。
4. 锅里再放一点油，放入青椒翻炒一下，放一点盐，拌匀。
5. 再倒入炒好的鸡蛋，拌匀就可以了。

青椒炒鸡蛋

鸡蛋炒莴笋

原料

鸡蛋3个，莴笋100克，红椒1个。

调料

盐、蒜末各适量。

制作方法

1. 莴笋去叶，刨去老皮，斜切薄片；红椒洗净，切棱形片；鸡蛋加少量盐打散。
2. 锅里少量油烧热，入蛋液，滑炒成鸡蛋片，装起。
3. 锅里另加油，烧热后放入蒜末爆香，倒入红椒片、莴笋片，加入适量的盐翻炒2分钟左右，倒入滑炒好的鸡蛋片搅拌均匀即可。

小提示

鸡蛋炒莴笋
● 具有利五脏、通经脉、清胃热、清热利尿的功效。

香椿炒蛋
● 香椿味苦，性寒，有清热解毒、健胃理气功效。

原料

香椿150克，鸡蛋3个。

调料

味精1克，鸡精、盐、食用油各适量。

制作方法

1. 洗净的香椿切1厘米长的段。鸡蛋打入碗中，打散，加少许盐、鸡精调匀。油锅烧热，倒入蛋液拌匀，翻炒至熟，盛出装盘备用。锅中加约1000毫升清水烧开，加少许食用油。
2. 倒入切好的香椿，煮片刻后捞出。油锅烧热，倒入香椿炒匀。加少许盐、味精、鸡精炒匀。再倒入煎好的鸡蛋，翻炒均匀至入味。盛出装盘即可。

香椿炒蛋

Part 4 水产类

五香带鱼

🐨 原料

带鱼500克。

🍴 调料

辣椒粉10克，五香粉15克，料酒、酱油各8毫升，味精2克，盐3克，葱花5克，熟芝麻4克，花椒油、食用油各适量。

🍲 制作方法

① 带鱼处理干净，切成段，用料酒、酱油拌腌一下。

② 炒锅烧热，加少许食用油烧热，下带鱼块煎至两面金黄色。锅内撒上味精、盐、五香粉、辣椒粉，翻炒均匀，淋上花椒油，撒上葱花、熟芝麻，出锅，稍冷后装盘即可。

小提示

五香带鱼
● 带鱼含有丰富的硒，这种矿物质有抗氧化能力，并且对于预防肝病意义重大。

原料

牛蛙400克，莴笋100克，泡红椒适量。

调料

盐、胡椒粉、料酒、生抽、食用油、辣椒油、泡椒汁、水淀粉、蒜、姜、葱各适量。

制作方法

1. 牛蛙宰杀洗净，剁成块，加盐、胡椒粉、料酒、水淀粉腌制；莴笋去皮，洗净，切小块；蒜去皮，洗净，切片；姜去皮，洗净，切片；葱洗净，切段。
2. 锅内入食用油烧热，放入牛蛙块滑至断生后捞出。
3. 锅内留底油烧热，放入蒜、姜片、葱段爆香后捞出，再入莴笋块稍炒，入泡红椒炒出香味，加入牛蛙块，注入少许清水烧沸，加盐，烹入料酒、生抽、辣椒油、泡椒汁烧至牛蛙入味，起锅盛入盘中即可。

泡椒馋嘴蛙

小提示

泡椒馋嘴蛙
● 牛蛙是一种高蛋白、低脂肪、低胆固醇的食品，还有滋补解毒的功效。

彩椒爆鲜鱿
● 降低血液中的胆固醇，缓解疲劳，恢复视力。

彩椒爆鲜鱿

原料

鱿鱼300克，青椒、红椒各50克。

调料

盐、味精各3克，料酒、香油各10克。

制作方法

1. 鱿鱼洗净，切圈；青椒、红椒均洗净，切圈。
2. 油锅烧热，下鱿鱼圈爆炒，再入青椒圈、红椒圈同炒片刻。
3. 调入盐、味精、料酒炒匀，淋入香油即可。

宫爆凤尾虾

🦐 原料

河虾400克，花生仁50克。

🍴 调料

盐3克，胡椒粉2克，食用油、生抽、辣椒油、料酒、辣椒酱、水淀粉、干红辣椒、花椒各适量。

🍳 制作方法

1. 河虾洗净，从背部片一刀，加入盐、料酒、水淀粉腌制；干红辣椒洗净，切段；花生仁用温水浸泡后去皮，洗净，放入热食用油锅中炸至香脆后捞出。
2. 锅内入食用油烧热，入花椒爆香后捞出，再入干红辣椒、辣椒酱炒香，加入河虾爆炒至熟。
3. 放入花生仁，调入胡椒粉、生抽、辣椒油炒匀，起锅盛入盘中即可。

小提示

宫爆凤尾虾
● 能够延缓衰老，提高机体的抗病能力和免疫功能。

凉瓜炒河虾
● 虾含有丰富的蛋白质、钙、磷、铁等多种矿物质。

凉瓜炒河虾

🦐 原料

河虾300克，苦瓜150克，青椒、红椒各适量。

🍴 调料

盐3克，味精、花椒粉各2克，食用油、生抽、白醋、料酒、水淀粉各适量。

🍳 制作方法

1. 河虾处理洗净，加盐、料酒腌制；苦瓜去籽，洗净，切片；青椒、红椒均洗净，切块。
2. 将盐、味精、花椒粉、生抽、白醋、水淀粉调匀成脆皮浆。
3. 锅置火上，入食用油烧热，放入河虾炸至变色，加入苦瓜片、青椒块、红椒块同炒片刻，倒入脆皮浆翻炒均匀，起锅盛入盘中即可。

红泡小炒蟹

火爆牛蛙

🍲 原料

蟹500克，红泡椒35克，芹菜30克。

🍴 调料

盐5克，味精3克，料酒15毫升，蒜5克，鲜汤100毫升，香油5毫升，食用油适量。

🥄 制作方法

1. 将蟹宰杀，洗净，剁成块；芹菜择洗干净，切段。
2. 锅置火上，放食用油烧热，下蟹过油至断生，倒入漏勺沥干油。
3. 锅内留底油，下蒜、红泡椒、芹菜段煸香，再放入蟹，烹入料酒炒香，倒入鲜汤，加盐、味精调好味，用中火烧透至入味，再用旺火收浓汤汁，淋上香油，出锅装盘即可。

🍲 原料

牛蛙400克，莴笋100克，青椒适量。

🍴 调料

食用油、盐、料酒、辣椒酱、生抽、香油、葱段、姜片各适量。

🥄 制作方法

1. 牛蛙处理干净，切成块，用盐、料酒腌制入味；青椒洗净，切片；莴笋去皮，洗净，切片。
2. 锅内入食用油烧至六成热，下入牛蛙块爆炒至断生时盛出。
3. 再起热油锅，入葱段、姜片爆香后捞出，下入青椒片、莴笋片稍炒，注入少许清水烧开。
4. 调入盐、料酒、辣椒酱、生抽，倒入牛蛙块翻炒至熟透入味，淋入香油，起锅盛入盘中即可。

小提示

红泡小炒蟹
- 养筋活血、通经络、滋肝阴。

火爆牛蛙
- 牛蛙是一种高蛋白、低脂肪、低胆固醇的食品，有滋补解毒的功效。

天府趣味鱼

 原料

鲈鱼400克、香菇100克，西蓝花150克，番茄50克，青椒、红椒各适量。

调料

食用油、盐、胡椒粉、生抽、白醋、辣椒油、料酒、干红辣椒、花椒、泡红椒各适量。

制作方法

1. 鲈鱼清理干净，鱼头、鱼尾留用，鱼肉切片，加盐、胡椒粉、料酒腌制；香菇洗净，切块；番茄洗净，切片；西蓝花洗净，掰成小朵；青椒、红椒均洗净，切菱形片；干红辣椒洗净，切段。
2. 锅内入食用油烧热，放入花椒、干红辣椒，入鱼片煎至金黄色，入香菇块炒至熟，加盐、生抽、白醋、辣椒油炒匀，起锅盛盘。
3. 将鱼头、鱼尾分别放入沸水锅中煮至熟透后捞出，摆在鱼片两端，使之呈整条鱼状。
4. 将青椒片、红椒片焯水，摆在鱼片上；将西蓝花焯水，与番茄片一同摆于鱼片旁；在鱼嘴里放上一颗泡红椒装饰即可。

小提示

天府趣味鱼
- 鱼肉中脂肪含量虽低，但其中的脂肪酸被证实有降糖、护心和防癌作用。鱼肉中的维生素D、钙、磷等能有效地预防骨质疏松症。

原料

肉蟹200克。

调料

葱5克，姜15克，蒜10克，干红辣椒20克，料酒8毫升，盐3克，糖4克，干淀粉、食用油、香菜段各适量。

制作方法

1. 将蟹刷洗干净，揭开蟹壳，去除鳃、胃、肠等，再切成大块；葱、姜、蒜、干红辣椒均洗净，切好备用。
2. 将蟹肉块沾少许干淀粉，然后下入食用油锅，用中火煎至蟹壳变红。
3. 锅内留底油烧热，下入葱、姜、蒜、干红辣椒炒出香味，然后放入蟹块，继续翻炒至熟，加入料酒、盐、糖、香菜段调味即可。

香辣蟹

小提示

香辣蟹
● 肉蟹含有磷、胡萝卜素、钾、维生素A、维生素C、钙、蛋白质等营养成分。

五彩银针土鱿丝
● 促进胰岛素的分泌，对糖尿病有预防的作用。

五彩银针土鱿丝

原料

鱿鱼100克，水发木耳、青椒丝、红椒丝、豆芽各50克。

调料

盐3克，味精2克，料酒、香油适量。

制作方法

1. 水发木耳洗净切丝；豆芽择洗干净；鱿鱼洗净切丝，用料酒腌渍。
2. 油锅烧热，入鱿鱼丝炒至八成熟。
3. 放入木耳丝、青椒丝、红椒丝、豆芽，加盐、味精、香油，炒至入味即可。

鲜鱿小炒皇

原料

鲜鱿鱼200克，干虾、香芹、胡萝卜、金针菇各50克。

调料

盐3克，料酒、辣椒面、水淀粉、葱白各适量。

制作方法

1. 香芹、胡萝卜、葱白洗净，切长段；金针菇洗净；干虾泡发；鲜鱿鱼洗净切长条。
2. 油锅烧热，烹入料酒，入鲜鱿鱼炒至八成熟，放入其他原材料，加盐、辣椒面、葱白炒入味，以水淀粉勾芡即可。

小提示

鲜鱿小炒皇
● 含有的多肽和硒等微量元素有抗病毒的作用。

香辣鳝丝
● 鳝鱼肉有补脑健身的功效。

香辣鳝丝

原料

鳝鱼300克，香菜段200克。

调料

青椒条、红椒条、葱段各20克，干辣椒15克，料酒10克，酱油5克，盐、白糖各3克，淀粉适量。

制作方法

1. 鳝鱼洗净，切丝，加入料酒、盐、淀糊拌匀上浆备用；干辣椒洗净，切成段。
2. 锅倒油烧热，倒入鳝鱼丝滑散，烹入料酒炒香，加入干辣椒、青椒条、红椒条翻炒，加入香菜段、葱段翻炒。
3. 加入酱油、白糖即可。

原料

鳝鱼500克。

调料

蒜蓉20克，香菜60克，盐、料酒、白糖、酱油、醋、水淀粉、味精各适量，高汤30克。

制作方法

1. 鳝鱼洗净，去骨切丝；香菜洗净，围盘。
2. 将酱油、料酒、白糖、水淀粉、高汤、味精调成芡汁，待用。
3. 锅倒入水、醋、盐、料酒、鳝鱼丝煮熟，捞出。
4. 锅倒油烧热，鳝鱼丝回锅炒透，倒入芡汁，拌匀装盘，淋上醋，撒上蒜蓉，淋上热油即成。

响油鳝糊

小提示

响油鳝糊
● 保护视力，维生素A可以增进视力，促进皮膜的新陈代谢。

五仁粒粒香
● 含有丰富的油脂，可以润肠通便，润肤美容，延缓衰老。

五仁粒粒香

原料

虾仁、核桃仁、腰果、松仁、花生米、葱段各50克，白芝麻少许，红椒、黄甜椒适量。

调料

盐2克，味精1克，白糖、料酒适量。

制作方法

1. 红椒、黄椒洗净后切块；核桃仁、腰果、松仁、花生米洗净备用；虾仁用料酒腌渍片刻。
2. 油锅烧热，倒入虾仁、腰果、松仁、花生米，加盐、味精，炒至将熟时倒入葱段，炒至断生后装盘。
3. 余油烧热，放白糖、核桃仁、白芝麻，炒至上色时摆盘。

🦀 原料

花蟹250克，姜片、葱段各20克，红尖椒2个。

🍴 调料

猪油、蒜蓉、盐、味精、糖、酱油、水淀粉、香油、料酒、胡椒粉各适量。

🥄 制作方法

1. 把花蟹处理干净，每个蟹都切成两段，再用刀拍破蟹壳，然后将每个半段蟹身再各切成四块，每块各带一爪。
2. 把炒锅用大火烧热，下猪油烧至六成热，下入花蟹块，翻炒使蟹壳变红，捞起。
3. 炒锅留底油，爆炒姜片、葱段、蒜蓉、红尖椒至香，下花蟹块，依次炝料酒、清水、盐、糖、酱油、味精，加盖略烧，下猪油、香油、胡椒粉炒匀，最后用水淀粉勾芡即可。

葱姜炒花蟹 ▶

小提示

葱姜炒花蟹
● 具有清热解毒、活血祛痰、滋肝阴、充胃液等功效。

辣椒炒螺蛳
● 具有温经散寒、开胃消食等功效。

🦀 原料

螺蛳500克，红尖椒2个。

🍴 调料

葱段、蒜蓉、姜末、料酒、酱油、盐、味精、糖、食用油、胡椒粉各适量。

🥄 制作方法

1. 将螺蛳放清水中漂养，其间换水1次，剪去螺蛳尾壳，洗净。
2. 将红尖椒洗净，切碎，和蒜蓉、姜末一同，入食用油锅煎炒2～3分钟，倒入螺蛳翻炒，加料酒、酱油、糖、盐。
3. 翻炒10分钟，调入葱段、味精、胡椒粉即成。

辣椒炒螺蛳 ▶

宫爆鱼丁

原料

鱼肉300克，花生仁150克。

调料

食用油、干红辣椒、花椒、蒜蓉、姜末、酱油、醋、料酒、糖、水淀粉、盐各适量，葱50克。

制作方法

1. 将鱼肉洗净，切成丁；葱洗净，切段；干红辣椒洗净，也切成段。
2. 鱼肉丁放碗内，加酱油、盐、料酒、水淀粉拌匀待用；花生仁去皮炸熟。
3. 锅烧热，下食用油，倒入花椒、葱段、干红辣椒爆香，再倒入鱼肉丁翻炒，加入姜末、蒜蓉快速翻炒。
4. 倒入料汁(酱油、醋、糖加水调成)，临起锅时将炸脆的花生仁放入，炒匀即成。

小提示

宫爆鱼丁
● 含有维生素A、维生素D、烟酸和维生素B$_1$、维生素B$_2$。

原料

鳝鱼200克，彩椒300克。

调料

盐3克，香油、料酒适量。

制作方法

五彩鳝丝

1. 鳝鱼洗净，去骨取肉切丝；彩椒洗净切条。
2. 锅中倒油加热，下入鳝鱼丝炒熟，烹入料酒炒香，再加彩椒炒熟。
3. 下盐炒入味，淋上香油即可出锅。

小提示

五彩鳝丝
● 具有补中益气、养血固脱的功效。

白菜炒明虾
● 白菜既有增强身体抵抗力，又有预防感冒及消除疲劳的功效。

原料

白菜200克，虾200克，绿豆芽适量，青椒、红椒适量。

调料

盐、味精、酱油、料酒各适量。

制作方法

白菜炒明虾

1. 白菜洗净，切片；虾洗净汆水；青椒、红椒洗净，切丝；绿豆芽洗净，与青椒丝、红椒丝一起入沸水烫熟。
2. 热锅下油，放入虾翻炒，加盐、酱油、料酒继续翻炒至虾呈金黄色，再放入白菜翻炒。
3. 加入味精调味，起锅装盘，撒上豆芽、青椒丝、红椒丝即可。

腰果虾仁

原料

莴笋200克，虾仁、腰果仁各100克，胡萝卜1根。

调料

鸡精1克，盐、淀粉各3克。

制作方法

1. 莴笋洗净，去皮切小长块；虾仁和腰果仁分别洗净沥干；淀粉加水拌匀，胡萝卜洗净，切块。
2. 锅中倒油烧热，下入腰果仁稍炸，加莴笋块、胡萝卜块和虾仁炒熟。
3. 下入盐和鸡精调味，倒入水淀粉勾薄芡即可。

小提示

腰果虾仁
● 对保护血管、防治心血管疾病大有益处。

百合炒虾仁
● 具有调养补阳、壮腰健肾、益智补脑之功效。

原料

虾仁200克，百合100克。

调料

盐、味精各3克，料酒、香油各10克，红椒适量。

制作方法

1. 虾仁洗净；百合瓣成小片，削去黑边，洗净；红椒洗净，切片。
2. 油锅烧热，下入虾仁爆熟，再入百合、红椒片同炒片刻。
3. 调入盐、味精、料酒炒匀，淋入香油即可。

百合炒虾仁

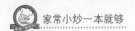

🍲 原料

小河虾250克，花生仁50克。

🍴 调料

食用油、盐、胡椒粉、辣椒油、料酒、白醋、水淀粉、香油、花椒、干红辣椒各适量。

🍳 制作方法

1. 小河虾处理干净，加盐、白醋、水淀粉腌制；干红辣椒洗净，切段；花生仁用温水浸泡后去皮，洗净，放入热食用油锅中炸至香脆后捞出。
2. 锅置火上，入食用油烧热，放入小河虾炸至金黄色时盛出。
3. 再起热油锅，入花椒、干红辣椒炒香，倒入小河虾，加入花生仁翻炒均匀，调入胡椒粉、料酒、辣椒油炒匀，淋入香油，起锅盛入盘中即可。

香辣小河虾

小提示

香辣小河虾
● 具有缓解脘腹冷痛、制止痢疾，及止渴、除热、解毒、去眼赤、增强食欲之功效。

芥辣芹鲜鱿
● 鱿鱼富含钙、磷、铁元素，利于骨骼发育和造血，能有效预防贫血。

芥辣芹鲜鱿

🍲 原料

鱿鱼300克，芹菜、红椒各适量。

🍴 调料

盐、味精、料酒、芥末油、香油各适量。

🍳 制作方法

1. 鱿鱼洗净，切成长条；芹菜洗净，切段；红椒洗净，切丝。
2. 油锅烧热，下鱿鱼条滑炒至八成熟，下入芹菜段、红椒丝同炒至熟。
3. 调入盐、味精、料酒、芥末油炒匀，淋入香油即可。

干锅鱼杂

🍲 原料

鱼蛋300克，鱼肚、鱼肠各200克，青椒、红椒各适量。

🍴 调料

食用油、盐、辣椒酱、蚝油、白酒、野山椒、蒜、葱、香菜、高汤各适量。

🍳 制作方法

1. 鱼蛋、鱼肚、鱼肠均处理干净，鱼肠切段，鱼肚对切，将三者一同放入加有白酒的沸水锅中汆水后捞出；青椒、红椒均洗净，切圈；蒜去皮，洗净；葱洗净，切葱丝；香菜洗净，切段。
2. 锅置火上，入食用油烧热，放入青椒圈、红椒圈、蒜炒香，调入盐、辣椒酱、蚝油炒匀，加入鱼蛋、鱼肚、鱼肠段翻炒，放入野山椒同炒片刻。
3. 注入少许高汤以大火烧开，再改小火焖5分钟，起锅盛入干锅中，撒上香菜段、葱丝，带酒精炉上桌即可。

> 小提示
>
> 干锅鱼杂
> ● 鱼蛋含有卵清蛋白、球蛋白、卵类黏蛋白和鱼卵磷蛋白等营养成分。

火腿虾仁炒笋

原料

火腿、虾仁各100克，竹笋300克。

调料

盐3克，鸡精1克，红椒、青椒各5克。

制作方法

1. 火腿切片；虾仁洗净；竹笋洗净切段；红椒、青椒分别洗净切片。
2. 锅中倒油烧热，下入竹笋段翻炒，再倒入火腿片和虾仁炒熟。
3. 加入青椒片和红椒片炒匀，下盐和鸡精调好味即可。

小提示

火腿虾仁炒笋
● 具有养胃生津、益肾壮阳、固骨髓、健足力、愈创口等作用。

水果虾仁
● 具有解暑止渴、消食止泻的功效。

原料

虾仁300克，菠萝、西瓜、圣女果、百合、梨各适量。

调料

青椒丁60克，盐、料酒各4克，鸡蛋清20克，淀粉10克。

制作方法

1. 虾仁洗净，加入盐、料酒、鸡蛋清、淀粉拌匀，腌渍；菠萝、西瓜、梨削皮，洗净，切丁；圣女果洗净，切成片；百合洗净，焯水后捞出。
2. 锅倒油烧热，倒入虾仁、青椒、菠萝丁、西瓜丁、圣女果、百合、梨丁略炒片刻。
3. 加料酒、盐拌匀即可。

水果虾仁

特色炒螃蟹

🦀 原料

螃蟹500克，小椒段20克，姜25克。

🍴 调料

大蒜、盐、味精、淀粉、豌豆、黄酒、酱油、白砂糖、香油、猪油、胡椒粉各适量。

🍳 制作方法

① 螃蟹剁开，去蟹盖，刮掉鳃，洗净；剁去螯脚，螯壳拍破，待用。姜切丝，蒜剁泥，淀粉加水调成湿淀粉，备用。

② 把炒锅用火烧热，下猪油，烧至六成热，放下葱段，翻炒后捞出。锅内留油底，爆香姜丝、蒜泥，下蟹块炒匀。加盖略烧，锅内水分将干时，下猪油、香油、胡椒粉等炒匀，湿淀粉勾芡即可。

小提示

特色炒螃蟹
● 螃蟹有清热解毒、补骨添髓、养筋活血、利肢节、滋肝阴、充胃液之功效。对于淤血、损伤、黄疸、腰腿酸痛和风湿性关节炎等疾病有一定的食疗效果。

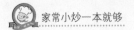

尖椒炒河蚌

🥘 原料

河蚌350克，红尖椒200克，香菜100克。

🍴 调料

料酒3克，盐3克，味精1克。

🍳 制作方法

1. 河蚌洗净，放入开水中煮至开口捞出取出蚌肉，切成细丝；红尖椒洗净，切斜圈；香菜洗净，切段。
2. 锅倒油烧热，放入红尖椒圈爆香，再倒入蚌肉、香菜段翻炒。
3. 加入盐，料酒、味精，炒至入味即可。

小提示

尖椒炒河蚌
● 具有止渴、降热、解毒、去眼赤、增进食欲之功效。

韭香八爪鱼
● 适用于高血压、低血压、动脉硬化、脑血栓等病症。

韭香八爪鱼

🥘 原料

八爪鱼300克，红椒1个。

🍴 调料

油、盐、姜、葱、生抽各适量，韭菜大量。

🍳 制作方法

1. 八爪鱼洗净，去牙、去眼、去内脏，洗干净，切小。韭菜、葱洗净，切段，姜切丝，红椒切丝。锅内水烧开，倒入八爪鱼，焯烫后立马沥干水分。
2. 锅内置油，烧热。下葱段和姜丝爆香，倒入八爪鱼快速翻炒，加入韭菜段。调入适量的盐、少量的生抽调味即可。

咖喱炒蟹

🦀 原料

蟹适量，咖喱粉30克，鸡蛋2个，红辣椒10克。

🍴 调料

淀粉、料酒、生抽、香油、盐各适量。

🥄 制作方法

1. 蟹洗净，将蟹钳与蟹壳分别斩块，撒上淀粉，抓匀，炸至表面变红，约八成熟时捞出，沥干油。
2. 红辣椒洗净，切成片；鸡蛋打入碗中，搅散，入油锅中炒熟；咖喱粉调湿备用。
3. 油锅烧热，下料酒、生抽、香油、盐、咖喱炒香，放入蟹块，倒入红辣椒片、鸡蛋，炒熟即可。

小提示

咖喱炒蟹
● 有清热解毒、补骨添髓、养筋接骨之功效。

姜葱炒花蟹
● 对于淤血、黄疸、腰腿酸痛和风湿性关节炎等有一定的食疗效果。

🦀 原料

姜20克，葱100克，花蟹3只。

🍴 调料

蒜末、鸡精、水淀粉、白砂糖各适量。

🥄 制作方法

1. 姜去皮切片，葱留葱白切段；花蟹壳切开，前爪斩断后对半切开；净锅上火，倒入油，烧至80℃，放备好的花蟹，加姜片、葱段，炸至花蟹香熟，捞出沥油。
2. 锅内留少许油，爆香姜片、蒜末、葱段，倒入炸过的花蟹，略炒，放少许水，煮沸，调入白砂糖、鸡精拌匀，再用水淀粉勾芡即可。

姜葱炒花蟹

🦐 原料

鲜虾350克，蒜薹100克。

🍴 调料

豆豉、红椒各10克，味精1克，盐3克，蒜适量。

🥄 制作方法

1. 鲜虾去头洗净；蒜薹洗净切段；蒜洗净分瓣；红椒洗净切块。
2. 锅倒油烧热，倒入蒜薹段、鲜虾翻炒，加入豆豉、蒜瓣、红椒块炒匀。
3. 加入味精、盐，炒匀即可。

鸿运港虾

小提示

鸿运港虾
● 具有补肾壮阳之功效。

潇湘小河虾
● 具有补肾壮阳，养血固精，化瘀解毒，益气滋阳，通络止痛，开胃化痰之功效。

🦐 原料

小河虾300克，青蒜、红椒丁、青椒丁各20克。

🍴 调料

豆豉15克，盐3克，鸡精1克。

🥄 制作方法

1. 河虾洗净；青蒜洗净，切小段。
2. 锅中倒油烧热，倒入小河虾炸至八成熟后捞出；锅留油烧热，倒入青蒜段炒香，小河虾回锅，加入豆瓣酱炒匀，然后加入青椒丁、红椒丁炒至断生。
3. 加入盐、鸡精翻炒至入味，出锅即可。

潇湘小河虾

玉树腰果北极贝

🐷 原料

腰果、泡发蘑菇、泡发木耳、北极贝各100克，菜心少许。

🍴 调料

盐3克，味精1克，醋8克，生抽10克，料酒少许。

🥄 制作方法

1. 蘑菇、木耳洗净；腰果洗净，北极贝去壳洗净；菜心洗净。
2. 锅内注油烧热，放入北极贝翻炒至变色，加入木耳、菜心、腰果、蘑菇炒匀。
3. 炒至熟，加入盐、醋、生抽、料酒、味精调味，起锅装盘即可。

小提示

玉树腰果北极贝
● 北极贝对人体有着良好的保健功效，有滋阴平阳、养胃健脾等作用，是上等的食品和药材。

原料

四季豆200克，海米50克，小银鱼100克。

调料

盐3克，红椒20克，面粉30克。

制作方法

1. 四季豆洗净，去头尾，切成段；海米、小银鱼洗净；红椒洗净，切块。
2. 烧热适量油，把裹上面粉的小银鱼放入锅中炸至金黄，捞起，沥干油。
3. 锅中留少量油，放入四季豆段、海米、小银鱼、红椒块，调入盐，炒熟即可。

翠塘虾干小银鱼

小提示

翠塘虾干小银鱼
● 具有补肾壮阳、理气开胃之功效。

油爆虾
● 具有重要的调节作用，能很好地保护心血管系统。

油爆虾

原料

河虾300克。葱2根。

调料

白糖50克，生抽10克，胡椒粉5克，盐少许。

制作方法

1. 将河虾去须洗净，葱洗净切段。
2. 将油放入锅中烧至九成热，将河虾放入油锅中过油1分钟后捞出，锅中油倒出。
3. 洗净锅，再放入油烧热，煸香葱段，加少量水，把调味料、河虾放入锅中，翻炒入味即可。

🍲 原料

茶树菇150克，干鱿鱼200克。

🍴 调料

盐3克，红椒、青椒各20克，酱油适量。

🍳 制作方法

茶树菇爆干鱿

1. 将茶树菇泡发，洗净，切段；干鱿鱼洗净，泡发，切丝；红椒、青椒洗净，去籽，切丝。
2. 锅中倒油烧热，放入红椒丝、青椒丝爆香，再放入茶树菇、干鱿鱼翻炒。
3. 最后调入盐、酱油，炒熟即可。

小提示

茶树菇爆干鱿
● 具有降低血液中的胆固醇，缓解疲劳，恢复视力之功效。

香辣鱿鱼头
● 鱿鱼富含钙、磷、铁元素，利于骨骼发育和造血，能有效治疗贫血。

香辣鱿鱼头

🍲 原料

鱿鱼头300克，熟白芝麻30克。

🍴 调料

干辣椒60克，葱花15克，盐3克，淀粉15克。

🍳 制作方法

1. 鱿鱼头洗净，切段，入开水汆烫后捞出；干辣椒洗净，切小段。
2. 鱿鱼头用盐、油、淀粉拌匀，再下入油锅中炸至金黄色，捞出控油。
3. 锅中油烧热，放入干辣椒炒出香味，再下入鱿鱼头，倒入熟白芝麻翻炒均匀，撒上葱花，起锅即可。

酱爆鱿鱼须

🦪 原料

鱿鱼须350克，香菜200克。

🍴 调料

XO酱15克，料酒3克，生抽5克，白糖6克，盐3克，鸡精1克。

🍶 制作方法

1. 鱿鱼须洗净，切成段，氽水后沥干；香菜洗净，切段。
2. 锅倒油烧热，放入鱿鱼须、料酒，快炒1分钟，再倒入生抽、XO酱、白糖翻炒。
3. 最后加入香菜段，加入盐、鸡精翻炒均匀盛出即可。

小提示

酱爆鱿鱼须
- 含有的多肽和硒等微量元素，有抗病毒的作用。

泡椒墨鱼
- 促进胰岛素的分泌，对糖尿病有预防作用。

泡椒墨鱼

🦪 原料

墨鱼400克。泡椒300克，西芹150克。

🍴 调料

盐2克，酱油8克，白糖10克，姜末25克，料酒50克。

🍶 制作方法

1. 墨鱼洗净，加料酒、姜末去腥；西芹洗净，斜切成段。
2. 油锅烧热，放姜末煸香，加入泡椒、墨鱼、盐，快速翻炒。
3. 加入西芹段翻炒均匀，再入下料酒、酱油、白糖，炒入味后出锅即可。

碧绿炒双鱿

🐗 原料

鲜鱿鱼、干鱿鱼各150克，西蓝花100克，青椒、红椒少许。

🍴 调料

盐3克，味精1克，料酒、香油各适量。

🥄 制作方法

1. 青椒、红椒洗净切菱形片；鲜鱿鱼洗净，切麦穗状；干鱿鱼用水泡开后切麦穗状。
2. 油锅烧热，倒入鱿鱼，炒熟后捞出沥油。
3. 余油烧热，入西蓝花，将熟时倒入鱿鱼、青椒片、红椒片，加盐、料酒、味精炒至入味，淋香油装盘即可。

小提示

碧绿炒双鱿

● 鱿鱼含有大量的牛磺酸，可抑制血液中的胆固醇含量，缓解疲劳，恢复视力，改善肝脏功能；所含多肽和硒有抗病毒作用。

海味炒木耳

原料

鲜鱿鱼100克，虾仁150克，蟹柳100克，水发木耳200克，鸡蛋2个。

调料

盐3克，葱段5克。

制作方法

1. 鲜鱿鱼洗净，打花刀；虾仁洗净；蟹柳洗净，切段；水发木耳洗净，撕小朵；鸡蛋打成蛋液。
2. 锅中油烧热，放入蛋液，煎成蛋皮，切片。
3. 另起锅，烧热油，爆香葱段，放入所有原料翻炒，调入盐，炒熟即可。

小提示

海味炒木耳
● 具有降糖消渴、抑癌抗瘤的作用。

火爆墨鱼花
● 墨鱼干具有壮阳健身、益血补肾、健胃理气的功效。

火爆墨鱼花

原料

墨鱼300克，水发木耳50克，蒜薹100克，洋葱50克。

调料

红椒20克，盐3克，淀粉5克。

制作方法

1. 墨鱼洗净切片，打上花刀；木耳洗净撕成小块；蒜薹洗净切段；洋葱、红椒分别洗净切片；淀粉加水拌匀。
2. 锅中倒油烧热，墨鱼滑熟后捞出；再下入红椒片、木耳、洋葱片、蒜薹段一起炒熟。
3. 最后再倒入墨鱼，炒匀后，加盐调味，以水淀粉勾芡即可。

原料

净墨鱼肉250克，洋葱100克。

调料

盐3克，黑胡椒10克，酱油适量，青椒、红椒各25克。

制作方法

1. 将墨鱼肉、洋葱洗净，切片；青椒、红椒洗净，去籽，切片。
2. 锅中油烧热，放入洋葱片、红椒片、青椒片炒香。
3. 再放入墨鱼，调入盐、黑胡椒、酱油，炒熟即可。

墨椒墨鱼片

小提示

墨椒墨鱼片
- 有养血、明目、通经、安胎、利产、止血、催乳等功效。

酱爆墨鱼仔
- 墨鱼含丰富的蛋白质、黏液质及少量氯化钠、磷酸钙、镁盐等。

酱爆墨鱼仔

原料

墨鱼仔350克，西芹50克，百合30克。

调料

红椒、辣椒酱、料酒、鲜贝露、盐各适量。

制作方法

1. 墨鱼仔洗净，氽水后沥干；西芹洗净，切段；百合洗净；红椒洗净切成小块。
2. 炒锅倒油烧热，放入辣椒酱翻炒至呈深红色，放入墨鱼仔爆炒，烹入料酒炒匀，倒入鲜贝露。
3. 加入盐，倒入西芹、百合、红椒炒至入味即可。

辣子田螺

🐚 原料

田螺750克。

🍴 调料

干辣椒段、郫县豆瓣酱、花椒、姜末、蒜泥、酱油、料酒、醋、盐、白糖、葱花各适量。

🫕 制作方法

1. 田螺洗净，放入锅中，加清水、料酒和醋煮沸捞起，去掉头部包壳待用。
2. 锅上火注油烧热，下干辣椒段略炒，再加花椒、姜末、蒜泥和豆瓣酱炒香；加入田螺翻炒，再调入料酒、醋、盐、白糖和酱油，用大火炒熟入味，出锅装盘，撒上葱花即成。

小提示

辣子田螺
● 味甘、咸，性寒。清热利水、除湿解毒。用于热结小便不通、黄疸、脚气、水肿、消渴、痔疮、便血、目赤肿痛、疔疮肿毒。

虾仁蟹柳鸡蛋

原料

鸡蛋300克，生菜、蟹柳、虾仁各200克。

调料

盐3克，料酒5克，鸡蛋清20克，淀粉6克。

制作方法

1. 生菜洗净，装盘；鸡蛋打散，加入盐搅拌均匀；蟹柳洗净，斜切成小段；虾仁洗净，加入盐、料酒、鸡蛋清、淀粉拌匀，腌渍。
2. 锅倒油烧热，倒入蛋液煎成鸡蛋饼，盛起，放在生菜上；另起油锅烧热，倒入虾仁、蟹柳滑炒熟。
3. 加入盐调味，倒在鸡蛋饼上即可。

小提示

虾仁蟹柳鸡蛋
● 具有养心安神、补血、滋阴润燥之功效。
花色小炒
● 三文鱼预防老年痴呆、降低血脂和血清胆固醇、防心血管疾病。

原料

三文鱼、蒜薹各100克，胡萝卜50克，葱末10克，薄荷叶少许。

调料

盐少许，胡椒粉、干淀粉、料酒各适量。

制作方法

1. 蒜薹洗净切段；胡萝卜洗净，去皮，切丝；三文鱼洗净，切丁，备用。三文鱼丁加盐、料酒、胡椒粉和干淀粉抓匀，腌渍15分钟。
2. 油锅烧热，下入三文鱼丁翻炒至肉色变白，取出备用。锅留底油，下入胡萝卜丝，用中火翻炒片刻，再下入蒜薹翻炒，调入盐炒匀。
3. 最后放入炒好的三文鱼丁、胡椒粉、葱末炒匀，用薄荷叶装饰即可。

花色小炒

原料

墨鱼300克，金针菇150克。

调料

盐4克，味精2克，料酒10克，青椒丝、红椒丝各50克。

制作方法

① 墨鱼洗净，切丝；金针菇洗净，去根，切段。

② 油锅烧热，放入墨鱼丝煸炒，加盐、料酒，炒匀，再加入金针菇、青红椒丝翻炒至熟后，加味精，拌匀即可。

金针菇炒墨鱼丝

小提示

金针菇炒墨鱼丝
● 具有养血、通经、催乳、补脾、益肾、滋阴、调经、止带之功效。

姜葱炒花蛤
● 具有有滋阴明目、软坚、化痰之功效。

姜葱炒花蛤

原料

花蛤400克，姜10克，葱10克。

调料

盐3克，花雕酒6克，香油8克，蚝油5克，水淀粉适量。

制作方法

① 花蛤用清水养1小时，待其吐沙，洗净，再将其焯水；姜切片；葱切花。

② 锅中烧油，爆香姜片，下花蛤爆炒，再下葱花、盐、花雕酒、香油、蚝油调味，以水淀粉勾芡即可。

辣炒花蛤

🦐 原料

花蛤250克。

🍴 调料

盐3克，红椒20克，姜15克，葱15克，酱油适量，料酒适量。

🍲 制作方法

1. 将花蛤洗净，放入盐水中吐尽泥沙；红椒、姜、葱洗净，切丝。
2. 锅中油烧热，放入红椒丝、姜丝、葱丝炒香，再放入花蛤，爆炒。
3. 最后调入盐、酱油、料酒，炒熟即可。

小提示

辣炒花蛤
● 蛤肉有滋阴明目、软坚、化痰之功效。

芦笋木耳炒螺片
● 芦笋叶酸含量较多，经常食用芦笋有助于胎儿大脑发育。

🦐 原料

芦笋、木耳各200克，螺肉250克，胡萝卜100克。

🍴 调料

料酒5克，盐、味精各2克。

🍲 制作方法

1. 螺肉洗净，切成薄片；芦笋洗净，斜切成小段，焯烫；木耳去蒂，洗净，撕成小片；胡萝卜洗净，斜切成片。
2. 锅倒油烧热，放入螺肉片滑炒，然后加入芦笋段、木耳、胡萝卜片煸炒，再烹入料酒继续翻炒至熟。
3. 加入盐、味精调味即成。

芦笋木耳炒螺片

原料

蟹350克，红泡椒80克，芹菜20克。

调料

红油、蚝油各10克，味精5克，盐3克，料酒8克，葱、香菜各10克。

制作方法

1. 蟹洗净，斩成小块；红泡椒洗净；葱洗净，切成丝；芹菜洗净，切成小段；香菜洗净。
2. 油锅烧热，将红泡椒、芹段放入，爆香，然后放入蟹炒3分钟。
3. 放入红油、蚝油、味精、盐、料酒，翻炒至香味浓郁，加少许清水，烧至水分快干时盛盘，撒上葱丝、香菜即可。

泡椒小炒蟹

小提示

泡椒小炒蟹
● 健脾养脾、养胃健胃、补气益气、提高免疫力、增强记忆力。

泡菜炒梭子蟹
● 螃蟹还有抗结核作用，吃蟹对结核病的康复大有补益。

泡菜炒梭子蟹

原料

泡菜200克，梭子蟹500克。

调料

淀粉30克，辣椒油8克，料酒10克，鸡精5克，香油8克，盐3克 。

制作方法

1. 蟹洗净，斩块，将蟹钳略拍，撒上淀粉抓匀；泡菜洗净，切成碎末。
2. 油锅烧热，下蟹块炸至表面变红、约八成熟时捞出，沥干油。
3. 原油锅烧热，加入辣椒油、料酒、鸡精、香油、盐炒香，再加入蟹块、泡菜炒几分钟即可。

姜葱炒鳝段

🐚 原料

黄鳝500克，葱、姜、大蒜各100克。

🍴 调料

料酒、胡椒粉、酱油、鸡精、盐各适量。

🥄 制作方法

① 黄鳝杀掉去肠，洗净切段，备用。葱洗净切段，大蒜去皮，姜切块。

② 热锅加油，下鳝段爆香，（要鳝段表皮爆裂）下葱段、大蒜、姜爆香。加料酒、胡椒粉、酱油爆炒，加一点点水收汁，加鸡精、盐，关火，装盘即可。

> **小提示**
>
> 姜葱炒鳝段
> ● 有清热解毒、凉血止痛、祛风消肿、润肠止血等功效，能降低血糖和调节血糖，对痔疮、糖尿病有较好的食疗作用。

口味鳝片

🥘 原料

鳝鱼400克，蒜薹、红椒各100克。

🍴 调料

豆豉10克，盐2克，酱油3克，干辣椒5克。

🍳 制作方法

1. 鳝鱼洗净切段；蒜薹洗净切段；红椒洗净切片；干辣椒洗净切段。
2. 锅中倒油加热，爆香豆豉下入鳝鱼段翻炒，加入蒜薹段和红椒片炒熟。
3. 倒入盐、酱油和干辣椒炒至入味即可。

小提示

口味鳝片
- 具有温中下气、补虚、调和脏腑的作用。

茶树菇炒鳝丝
- 可促进脂肪代谢，具有治腰酸痛、止泻的功效。

🥘 原料

干茶树菇150克，鳝鱼250克。

🍴 调料

盐3克，红椒、青椒各15克。

🍳 制作方法

1. 将茶树菇泡发，洗净，切段；鳝鱼洗净，去内脏，切丝；红椒洗净，去籽切丝；青椒洗净，切段。
2. 锅中倒油烧热，放入茶树菇、鳝鱼丝、红椒丝、青椒段，翻炒。
3. 调入盐，炒熟即可。

茶树菇炒鳝丝

金针菇炒土豆

原料

土豆2颗，金针菇1小把，红、绿青椒各1个。

调料

盐、姜各适量。

制作方法

1. 将土豆去皮，切丝，泡入水中。
2. 姜切末，红、绿青椒洗净，切丝。
3. 金针菇切段。
4. 锅烧热，倒入油、姜、土豆丝爆炒。
5. 土豆丝炒至八分熟，放入金针菇，继续炒。
6. 炒至九分熟，放入红、绿青椒、盐翻炒2分钟，搅拌均匀出锅即可。

小提示

金针菇炒土豆
● 营养含量非常丰富，高于一般菇类，尤其是赖氨酸的含量特别高，赖氨酸具有促进儿童智力发育的功能。

原料

鲍汁200克，草菇200克，广东菜心50克。

调料

盐2克，味精1克，老抽10克，料酒12克，白糖15克。

制作方法

1. 草菇洗净，对剖开，用热水焯过，晾干备用；菜心洗净。
2. 锅置火上，注油烧热，下料酒，放入草菇翻炒至熟，加入盐、老抽、白糖一起翻炒至汤汁收干，放入鲍汁以小火焖煮。
3. 煮至汤汁收浓，下菜心稍炒后加入味精调味，起锅即可。

鲍汁草菇

小提示

鲍汁草菇
● 具有滋阳壮阳、消食去热、护肝健胃、健脾养脾、减肥之功效。

奶白菜炒山木耳
● 具有清热除火、解毒、亮发、提高免疫力的功能。

原料

奶白菜350克，山木耳300克。

调料

盐、味精各适量，红椒20克。

制作方法

1. 奶白菜择洗干净，掰开叶子，切成小段；山木耳泡发，洗净，掑成片；椒去蒂去籽，洗净，切成小块。
2. 锅倒油烧热，倒入奶白菜煸炒至油润明亮，放入水发木耳、红椒，翻炒。
3. 调入盐、味精炒至入味即可。

奶白菜炒山木耳

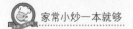

扎辣椒炒姬菇

原料

姬菇100克,扎辣椒50克。

调料

盐5克,葱5克,味精、香油各适量。

制作方法

1. 姬菇择洗干净,用水冲洗;葱洗净,切花。
2. 炒锅加油烧热,入姬菇拌炒3分钟,再加入扎辣椒一起搅匀。
3. 最后加盐、味精、香油调味,起锅前撒葱花即可。

小提示

扎辣椒炒姬菇
- 有降血压和胆固醇之功效。

京葱木耳炒肉丝
- 能凉血止血、和血营养、益气润肺、滋阴润燥、护肤美容、养胃健脾。

京葱木耳炒肉丝

原料

木耳40克,猪五花肉100克,青椒、红椒各适量。

调料

食用油、盐、料酒、辣椒油、香油、葱各适量。

制作方法

1. 木耳泡发,洗净,入沸水锅中焯水后捞出;猪五花肉洗净,切丝,加盐、料酒腌制;葱洗净,切碎;青椒、红椒均洗净,切片。
2. 锅置火上,入食用油烧热,放入猪五花肉丝煸炒至出油,加入木耳、青椒片、红椒片翻炒均匀,调入盐、辣椒油炒匀,再入葱末同炒片刻,淋入香油,起锅盛入盘中即可。

🥗 原料

水发木耳、青椒各150克。

🍴 调料

盐3克，葱10克。

🍲 制作方法

1. 将水发木耳洗净，撕小朵；青椒洗净，切块；葱洗净，切段。
2. 锅中油烧热，放入水发木耳、青椒，翻炒。
3. 调入盐，放入葱段，炒熟即可。

木耳炒青椒

小提示

木耳炒青椒
- 具有清胃涤肠、益气强身的功效。

开胃蒸金针菇
- 金针菇中锌含量较高，对预防男性前列腺疾病较有帮助。

🥗 原料

金针菇一把。

🍴 调料

鲜味汁、白糖、葱10克、剁椒、葱花、油各适量。

🍲 制作方法

1. 取一个碗，倒入美极鲜味汁，再加少许白糖搅拌均匀；金针菇去根洗净沥干水分，放入盘中。
2. 放入蒸锅中，水开后放入金针菇大火蒸5~7分钟；关火，开盖加入调好的味汁，盖上盖子焖2分钟入味。
3. 撒上少许剁椒和葱花；将油烧热后浇在金针菇上即可。

开胃蒸金针菇

湘式炒木耳

原料

木耳300克。

调料

红椒、青蒜各15克，料酒5克，盐3克。

制作方法

1. 木耳泡发，洗净，撕成片；红椒洗净，切小粒；青蒜洗净，切段。
2. 锅倒油烧热，倒入红椒粒炒香，加入木耳、料酒翻炒入味，放入青蒜炒匀。
3. 加入盐调味，翻炒3~5分钟出锅即可。

小提示

湘式炒木耳
- 具有补血活血、降血脂、延缓衰老的功效。

家常金针菇
- 有补肝肾、益肠胃、增智、抗癌的功效。

原料

金针菇200克。

调料

剁椒、姜、蒜、生抽、蚝油、醋、香菜各适量。

制作方法

1. 金针菇切去根部，用清水浸泡片刻洗净。
2. 剁椒准备好，香菜洗净切段，姜、蒜切成末。
3. 锅中烧开适量水，放入金针菇焯水半分钟左右，捞出。
4. 焯好水的金针菇捞出放入盆中。
5. 调入生抽、蚝油、醋，拌匀。
6. 把剁椒、姜末、蒜末依次放在金针菇上，放成堆。
7. 锅中烧热适量油至冒烟，趁热浇在蒜蓉末上，拌匀。
8. 调入几滴香油，加入香菜段拌匀。

家常金针菇

木耳炒山药

🥘 原料

木耳200克，山药150克，红椒、青椒各1个。

🍴 调料

葱末、蒜末、盐、醋各适量。

🍳 制作方法

1. 木耳温水泡发，去蒂，用手撕开。
2. 山药去皮切薄片。
3. 红椒、青椒洗净，切片。
4. 锅中入油，爆香红椒、青椒、葱、蒜，倒入山药快速煸炒，再倒入木耳，调入盐、醋煸炒2分钟即可。

小提示

木耳炒山药
● 有降低血糖的作用。

香菇油菜
● 对高血压等心血管疾病具有一定的预防和食疗功效。

香菇油菜

🥘 原料

香菇13朵，油菜2棵。

🍴 调料

蚝油、白糖、水淀粉、蒜、酱油各适量。

🍳 制作方法

1. 香菇泡发之后去掉根部。
2. 斜刀切成片备用。
3. 小油菜切去根部洗净。焯水摆在碗里备用。
4. 起油锅，下香菇片爆炒。加入蚝油1平铲，酱油、糖各2小勺。
5. 倒入水淀粉搅拌均匀。撒入蒜末起锅。

香菇肉片

 原料

香菇250克，猪里脊肉200克，红椒、青椒各1个。

调料

葱末、蒜末、盐、醋、鸡精、料酒、酱油、水淀粉各适量。

制作方法

① 香菇洗净，青椒、红椒洗净，切片；葱、姜切末。

② 猪里脊肉切薄片，用盐、鸡精、料酒、酱油、水淀粉搅拌均匀放碗里入味。

③ 锅内入油，将猪里脊肉片放入，炒至肉片变色。

④ 接着放葱末、姜末爆香，再放香菇，翻炒几分钟。

⑤ 然后放入青、红椒片，炒熟，调入适量盐出锅就好。

小提示

香菇肉片

● 香菇中含不饱和脂肪酸甚高，还含有大量的可转变为维生素D的麦角甾醇和菌甾醇，对于增强抗疾病和预防感冒及治疗有良好效果。

🥢 原料

芦笋500克，黑木耳50克。

🍴 调料

植物油、盐、蒜、味精各适量。

🥘 制作方法

木耳炒芦笋

1️⃣ 芦笋洗净去掉老的部分和顶部，斜切成段。

2️⃣ 木耳泡发洗净。

3️⃣ 蒜剥掉皮，然后剁成蒜泥。

4️⃣ 锅里加油爆香蒜泥。

5️⃣ 加入木耳和芦笋快速翻炒，到芦笋变软。

6️⃣ 加入适量盐、味精翻炒均匀即可出锅。

小提示

木耳炒芦笋
- 芦笋叶酸含量较多，经常食用芦笋有助于胎儿大脑发育。

木耳炒金针菇
- 有补肝肾、益肠胃、增智的功效。

木耳炒金针菇

🥢 原料

木耳50克，金针菇100克，青椒、红椒各1个。

🍴 调料

盐、酱油、香醋各适量。

🥘 制作方法

1️⃣ 木耳泡发，金针菇洗净。

2️⃣ 青椒、红椒洗净，切片。

3️⃣ 热水烧开，将金针菇和木耳在中火煮两分钟，过滤掉水分，装盘。

4️⃣ 锅内倒油，倒入红椒和青椒，放入适量的盐和1茶匙的酱油炒香，淋在煮好的木耳、金针菇上，再淋上2汤匙的香醋，搅拌均匀即可食用。

炒木耳

🍄 原料

木耳（水发）80克。

🍴 调料

蒜、香菜、芝麻油、生抽、陈醋、小葱、小红辣椒各适量。

🥄 制作方法

1. 香菜洗净切小段，葱洗净切成葱花，稍辣的辣椒切成辣椒圈，蒜头一瓣去外衣剁碎备用。
2. 锅内烧开适量的水，放入木耳焯两分钟。
3. 将焯好的木耳取出沥干水分放在大碗里备用，取一小碗，调入适量的生抽、陈醋、芝麻油，搅拌均匀成酱料。
4. 将调好的酱料倒入木耳中拌匀，再加入辣椒圈、蒜蓉、葱花拌匀。
5. 最后撒上香菜即可食用。

小提示

炒木耳
● 有防治动脉粥样硬化和冠心病的作用。

金针菇瓜丝
● 具有热量低、高蛋白、低脂肪、多糖、多种维生素的营养特点。

🍄 原料

金针菇150克，黄瓜200克，黄花菜100克。

🍴 调料

盐、味精、水淀粉、香菜、胡萝卜、食用油各适量。

🥄 制作方法

1. 金针菇洗净，切去尾部；黄瓜洗净，切成丝。
2. 将金针菇、黄花菜下入沸水锅中焯去异味，捞出沥净水分。
3. 锅内入食用油烧热，将金针菇、黄花菜和黄瓜丝一起翻炒至熟，加盐、味精调味，最后用水淀粉勾芡，香菜、胡萝卜稍装饰即可。

金针菇瓜丝